高等职业教育新形态精品教材

室内软装设计

主　编　陈　静　曹　凯

副主编　李大俊　薛　青　王美玲

参　编　张　婧　蔡珊珊　肖　晓

沈　阳　余　芳　石　帅

主　审　胡先祥

Interior Soft Decoration Design

北京理工大学出版社

BEIJING INSTITUTE OF TECHNOLOGY PRESS

内 容 提 要

本书是针对室内软装工程项目设计这一职业典型工作任务开发的基于学习领域课程的活页式教材，是一本强调学生主动学习和有效学习的新形态教材。本书包含“活页教材”和“学习任务活页”两部分内容。“活页教材”包括由中式、欧式、现代三种风格的软装项目组成的三个学习情境，“学习任务活页”是在学习情境下基于软装项目开展的项目活动。本书不仅强调理论知识、基本技能的重要性，还强调培养学生的创造力和适应时代的综合能力。

本书可作为高等院校建筑室内设计、环境艺术设计等专业的教材，也可供相关行业的工作人员参考使用。

图书在版编目（CIP）数据

室内软装设计 / 陈静，曹凯主编. —北京：北京理工大学出版社，2022.12重印

ISBN 978-7-5763-0047-5

Ⅰ.①室…　Ⅱ.①陈…　②曹…　Ⅲ.①室内装饰设计－高等学校－教材　Ⅳ.①TU238.2

中国版本图书馆CIP数据核字（2021）第137348号

出版发行 / 北京理工大学出版社有限责任公司
社　　址 / 北京市海淀区中关村南大街5号
邮　　编 / 100081
电　　话 /（010）68914775（总编室）
（010）82562903（教材售后服务热线）
（010）68944723（其他图书服务热线）
网　　址 / http://www.bitpress.com.cn
经　　销 / 全国各地新华书店
印　　刷 / 河北鑫彩博图印刷有限公司
开　　本 / 787毫米×1092毫米　1/16
印　　张 / 16
字　　数 / 295千字
版　　次 / 2022年12月第1版第2次印刷
定　　价 / 78.00元

责任编辑 / 李　薇
文案编辑 / 李　薇
责任校对 / 周瑞红
责任印制 / 边心超

FOREWORD 序言一

回顾我们的环境设计教育，随着时代的发展不断地推陈出新。时至今日，室内设计的工作区分得更加细致，除了房间的精装修，软装饰设计也是不容忽视的重要组成部分，甚至在很多空间里，软装饰设计比精装修更能突出主人的生活习惯、兴趣爱好和个性品位。和“硬装饰”不同的是，“软装饰”设计内容大多是一些家具、窗帘、地毯、床上用品、植栽和装饰品等，它们多数可以灵活摆放、易于更换。著名设计师梁志天曾经说过，“装饰的灵魂是设计，设计的灵魂是文化”，要突出文化特点、地域特色，很多时候需要“软装饰”和“硬装饰”相结合。由此可见，室内软装设计作为符合时代潮流、设计发展趋势的课程是多么重要。

本书编写团队一直以来致力于室内设计理论研究，在本书出版之前亦编写了不少有关室内设计的教材和著作，撰写的环境设计专业和专业教育的文章也被各类核心期刊收录。希望能以敏锐的洞察力和与时俱进的专业思维编写一本适合当前信息化教学需要的精品教材。在教材编写初期，为了使教材的内容既具有一定的理论深度，又能贴近生活、浅显易懂，便于学生理解，编写团队深入企业施工一线参观学习，邀请行业专家一起参与讨论。在此基础上，结合本课程的特点，最终采取了循序渐进的引入方式，首先从比较基本的、具体的知识入手，然后经过分析综合案例，最后给予必要的抽象、概括，从而形成系统的理论观点。关于教材的内容、结构和体系，在当时是经过一番斟酌的。第一种写法是按照案例分析其功能、工艺和形式美的法则，但是鉴于以往的经验，效果并不理想，特别是初学者，从书中所得到的往往只是一些抽象的概念，并不能灵活地应用。第二种写法是把软装饰审美法则纳入不同的内部空间处理、色彩形态搭配处理以及群体组合处理三个方面，结合具体案例进行具体分析。最终确定采用第二种写法，这样编写的好处在于脉络比较清楚，与设计结合得紧密，有助于加深读者对软装设计基本原理的理解，以达到兼容并蓄的效果。关于案例的选择，为了说明设计原理必须列举大量的案例，案例从哪里来呢？一是从软装设计发展到今天所产生的经典范例中选择，只有这样，才能佐证要论证的理论确实是具有普遍意义和放之四海而皆准的规律；二是从编者的实际项目中选择，只有这样，编者的参与感才更强、对设计的理解才更深、讲解才更有特点。

在编写本书的过程中，时间总显得那么不够用，文字的表达虽经反复推敲斟酌，但仍难免存在不足之处，尚希读者批评指正。

曹　凯

2021 年 6 月

序言二 FOREWORD

教材介绍:《软装的力量》

室内设计是根据对建筑物的使用进行改造，满足人们物质和精神需求的学科，在建筑装饰行业中占据着重要地位。随着人们的生活水平和审美意识不断提高，室内空间不再仅仅满足功能需求或追求豪华，更多的则是注重个性化的体现。而商品房“精装修”时代已悄然来临，千篇一律、缺乏个性的室内样板间应运而生。在此背景下，软装饰作为表达个人追求和品位的载体，其灵活性和多变性、个性化和多元化迎合了人们对于室内环境的美好设想，“轻装修、重装饰”的理念使得软装设计成为室内设计中的重要一环。

鉴于行业需求，早在 2015 年编者已出版《室内软装设计》一书，现下立足新发展阶段、贯彻新职教理念，落实教育部颁布的《职业院校教材管理办法》和“倡导开发活页式、工作手册式新形态教材”的文件精神，我们依据国内建筑装饰行业发展对室内设计专业人才的需求，结合室内软装设计的课程现状，在市场调研和专家论证的基础上，组建了校企联合的编写团队，在行业专家的指导下完成了教材的再版。本教材旨在普及室内软装的基本知识，重在传授室内陈设的设计方法，以加强学生的艺术修养、提高学生的设计水平，并提倡学生在实践中学习、在研究和应用中学习，让学生在学会知识、掌握技能的同时学会工作。本教材不仅强调理论知识、基本技能的重要性，还强调培养学生的创造力与适应时代的综合能力。

本教材主要有以下几个方面的特点。一是具有“双元”性。在校企合作“双元”开发的基础上，引入企业真实项目案例，以工作过程为导向，通过项目和情境的设定，集“教、学、做”于一体，从设计方案的制定着手，通过风格的定位贯穿软装设计全过程，让学生掌握软装项目工程设计领域中的典型工作任务。二是具有科学性。教学设计按照循序渐进、逐步深入到难点的原则，从软装风格的定义出发，通过不同风格的软装项目讲授软装设计的理论知识和技能操作，并通过问题引导和任务驱动组织学生开展学习，针对相应的知识点掌握需求，完成学习任务，进而掌握软装风格的演变与设计的创新，实现了学会学习和学会工作的双重目标。三是具有创新性。一方面，注重教材内容碎片化的特点，具有可拆解和可组合性，可根据实际教学、实训岗位需要改变顺序灵活开展教学；另一方面，学生可以随意添加资料，可在学习的过程中融入个性化的知识和素材，或是将上交的作业和老师的反馈重新收纳其中，将学习过程整理成册，形成真正意义上的工作手册。充分培养学生的抽象思维和设计创意，彰显了教材的独特性和创新性。

雅斯贝尔斯在《什么是教育》一书中说："教育首先是学生精神成长的过程，然后才是学科知识获得的过程。"本教材的编写立足于培养未来的软装设计师：拥有美学基础、兼有艺术修养，具备一定的审美水平与设计思维才有可能发现美、创造美，才能在自己的作品中展现出自己对于美的理解；同时拥有丰富的生活体验，知晓各个地域、国家、民族的文化背景，了解他们的习俗礼仪与生活习惯，能够灵活地把本土的地域风情、文化要素融入室内设计，更加契合地表达一个空间的风格和特征。这需要具备生活的经验，同时还需要具备设计的自信。教材中"人文艺术小知识"就是通过优秀的艺术作品向读者传播博大精深的传统文化，"艺术名家"就是让学生在感受美与力量的同时启发学生学习艺术大家的工匠精神，通过传统文化的传承和艺术作品的创新，助力室内设计的可持续发展。

本书是编者在多年教学实践中积累的成果。在遵循教学大纲的前提下，随着近几年教学内容的不断充实和改革，试图形成较为完善的教学体系和有特色的授课内涵。编写过程中，参阅了大量著作、刊物、网站，在此对这些作品和文献的作者表示感谢。对所引用作品、文献未能详尽标注作者和出处的著作权人，深表歉意。同时，编写过程中得到许多同事、朋友和优秀毕业生的支持，他们提供了具有价值的图片和资料，在此深表谢意。教材具体编写分工如下：湖北生态工程职业技术学院陈静带领团队完成了教材撰写工作，武汉纺织大学曹凯完成了教材初稿、定稿的审核工作，湖北生态工程职业技术学院李大俊、江西环境工程职业学院薛青完成了素材收集工作；湖北生态工程职业技术学院胡先祥对教材编写工作提出了重要指导，杨旭、袁芬、丰波、张驰在教材的编写中给予了帮助和支持；苏州园区软件与服务外包职业学院阚宝朋在教材的建构中提出了大量宝贵的意见和建议；国际注册高级环境艺术设计师、高级室内建筑师、高级陈设艺术设计师王美玲女士提供了大量的企业项目案例素材；湖北生态工程职业技术学院优秀毕业生王超、胡涛、李杨、张晨曦、李伟、徐行、马鞍朋等提供了学习素材。此外，特别感谢 EMA 轶美设计（深圳市轶美创艺艺术设计顾问有限公司）、海南初舍设计装饰有限公司、武汉万有引力装饰设计工程有限公司及缤纷 1917 软装设计机构，为本教材提供的编写指导和案例帮助，有了这些，才有了《室内软装设计》这本教材的出版。

诚然，本书编写团队学识有限、经验不足，书中难免存在缺陷，请广大学者和同行提出宝贵意见与建议，以便日后修订完善。

陈　静

2021 年 5 月

目 录 CONTENTS

课程导学

一、课程性质描述

“室内软装设计”是一门基于工作过程开发出来的学习领域课程，是建筑室内设计专业的职业核心课程。

适用专业：室内艺术设计、建筑室内设计、环境艺术设计。

建议课时：64学时。

二、典型工作任务描述

室内软装设计是室内设计的重要环节，市场上常规的软装项目是由设计师按照项目工程要求，进行现场勘查，制定设计方案，完成软装摆场，控制成本并在施工过程进行质量检查，最后在规定的工期内完成符合国家有关质量验收标准的施工任务。本教材结合实际软装项目和教学需要，引入企业真实项目案例，省略前期勘查环节和后期施工环节，从项目设计方案的制定着手，通过风格的定位贯穿软装设计全过程，让学习者掌握软装项目工程设计领域中的典型工作任务。

三、课程学习目标

（一）正确地识读室内设计项目平面布置图、全景效果图。

（二）制定符合预期要求的软装项目设计方案，并拟定工作计划。

（三）独立完成软装效果图的设计表现及展示报价，并做工作记录。

四、教材使用说明

《室内软装设计》是针对室内软装工程项目设计这一职业典型工作任务开发的基于学习领域课程的活页式教材，是一本强调学生主动学习和有效学习的新形态教材。

（1）“活页教材”分为三个学习情境，由三个不同风格的软装项目组成。这三个学习情境是平行项目，每个学习情境下设置的相关内容顺序一致，教师可以根据教学需要自行调整前后顺序，也可以在日后选择其他更多学习情境的组合来更新教学内容。“活页教材”中的学习情境制定了学习目标，设计了真实项目，并提供了关于该项目的平面布置图、硬装效果图以及项目概况和分析，更好地呈现企业工作场景，从而开展基于岗位工作任务的教学模式。

（2）“学习任务活页”是在学习情境下基于软装项目开展的项目活动。“学习任务活页”中的“项目准备”对应“活页教材”中的“知识准备”，是学生在正式进行软装项目设计之前需要掌握的软装知识和技能，其中“引导问题”是帮助学生获取软装知识和技能的重要环节。使用者可将“学习任务活页”、学习笔记等资料进行整理，最后插入对应章节的“活页教材”中，形成真正的“设计师工作手册”。

（3）课程设计按照课前、课中、课后三个环节，将每个学习情境由真实的企业案例进行项目导入，要求学生在课前进行微课学习并完成课前任务；课中，学生在老师的引导下通过“学习任务活页”中的“引导问题”来自主学习并根据任务要求来完成项目活动；课后，学生将按照老师的要求进行有效的项目拓展实训来巩固学习成果。

五、学习情境设计

序号	学习情境	学习任务简介	学时
1	中式风格软装项目	依据项目资料和施工图纸，对项目平面布置图进行识读；掌握软装设计的基本流程与方法及软装效果图技法；掌握新中式风格的软装特点和设计要素。	16
2	欧式风格软装项目	依据项目资料和施工图纸，对项目平面布置图进行识读；掌握软装设计的基本流程与方法及软装效果图技法；掌握欧式风格的软装特点和设计要素。	16
3	现代风格软装项目	依据项目资料和施工图纸，对项目平面布置图进行识读；掌握软装设计的基本流程与方法及软装效果图技法；掌握现代风格的软装特点和设计要素。	16
4	软装项目拓展实训（期末考试 / 考查）	根据实际教学需要来制定相应的期末考试或考查内容。	16

学习情境	中式 / 欧式 / 现代风格软装项目		
项目活动	内容	作业次数	学时
	项目准备	6	6
	任务分组	1	1
	工作计划	1	1
	工作实施	5	5
	项目汇报	1	2
	评价反馈	1	1
合计		15	16

六、学习评价

学号	姓名	学习情境 1		学习情境 2		学习情境 3		软装项目拓展实训		总评
		分值	比例（25%）	分值	比例（25%）	分值	比例（25%）	分值	比例（25%）	

学习情境 1 中式风格软装项目

中式风格是指以宫廷建筑（图 1-1）为代表的中国古典建筑的室内装饰艺术风格，始于东晋，兴于唐，盛于宋，内涵丰富且特色鲜明，蕴涵着庄重典雅的气度和潇洒飘逸的气韵，象征着深奥超脱的性灵意境。而含蓄秀美的新中式风格则是以华夏文明为原型，将中式元素与现代材质巧妙糅合，以新的姿态呼唤华夏文明在软装设计领域的回归。

图 1-1　北京故宫

◎**课前任务**

1. 观看微课，感受中式风格；
2. 收集素材，谈谈你对中式风格的理解和感受；
3. 完成《学习任务活页》——设计笔记。

微课：新中式风格

人文艺术小知识——北京故宫

北京故宫（图 1-2）是中国明清两代的皇家宫殿，位于北京中轴线的中心，是中国古代宫廷建筑的精华，被誉为世界五大宫之首，1961 年被列为第一批全国重点文物保护单位，1987 年被列为世界文化遗产。

故宫采用了中国古代建筑传统的院落式群组布局，强调中心、对称的设计。清代宫式斗拱造型独特、结构精巧，表达出传统建筑的内涵，展现了榫卯结构的工艺之美。隔扇材料昂贵，工艺精湛，是室内装饰的重要元素，兽首门钹的金属构件起到了连接、装饰作用的同时更是彰显了天子威严。屋梁的雕龙刻凤将皇权体现得淋漓尽致，建筑小品更是充分展现了建筑物的恢宏气势。故宫独具特色的东方元素和建筑风格，是中华民族智慧的结晶，几千年的历史沉淀，向人们传递了优秀的民族文化及民族精神，展现了我国传统文化的深厚底蕴和独特魅力，彰显了独一无二的艺术风格，具有极高的艺术价值。因此，明清时期很多的宫苑均以故宫为模板进行建造，在近现代和当代的设计和生活中更是可以看到故宫文创无处不在。青年一代的我们有必要提升民族文化审美艺术修养，自觉地做好文化传承，将中华民族的价值观和生活方式融入我们的设计中，进一步提升本民族的文化凝聚力，增强文化自信。

图 1-2　故宫小景

学习情境描述

项目概况：本案位于海口时代城，建筑面积 140 ㎡，室内设计效果如图 1–3 所示。

硬装设计：胡涛，海南初舍装饰设计总监。

项目分析：本案硬装设计师将基本的格调定位为新中式风格，主色调选择木色系。业主的软装诉求是质感、内涵、文化、情怀。

图 1–3　客厅 / 卧室效果图

学习目标

1. 了解项目资料、识读施工图纸；
2. 了解软装设计的基本流程与方法；
3. 掌握软装效果图技法；
4. 掌握新中式风格的软装特点和设计要素。

任务书

对项目的平面布置图（图 1-4）进行识图、审图，划分重点空间区域，做软装设计规划；对项目的全景效果图进行扫码观看，感知硬装特点并记录关键词，做软装设计准备。

图 1-4 平面布置图

1.1 风格认知

1.1.1 古典中式风格

古典中式风格与历史的脚步相结合，一方面表现了具有民族特色的传统装饰，另一方面继承和发展了中式文化，充分展现出了中国传统的美学精神。

我国的室内陈设与建筑设计一样具有悠久的历史，并在不同的历史时期中有着不同的艺术风格和特点。商周时期在陈设装饰上有严格的等级制度，在三公大臣中使用青铜器有明确的规定。秦汉时期的漆器工艺，无论是造型使用还是装饰效果，都与当时宫廷的绚丽风格相呼应，陈设的原则是“以礼而序”。大唐盛世，建筑雄伟、艺术繁荣，室内装饰风格绚丽而奢靡，“唐三彩”以淋漓斑驳的完美效果成为室内极佳的陈设品。宋代历经荣辱兴衰，进入了理性思考的阶段，家具呈现出一种结构简洁工整、装饰文雅隽秀的风格，雕塑小巧玲珑，文玩陈设品日益丰富精致，织物陈设较之唐代有更大的发展，雕漆在漆器里也达到了很高的境界。明清家具材美工良，造型优美，榫卯结构简单明确，技艺高超。明式家具质朴简练、格调雅致，清式家具则充分发挥雕、嵌、绘等装饰手法，具有绚丽、豪华的富贵气质。纵观中国的陈设艺术发展历史不难发现，无论何时的室内陈设，都有着特定的精神和文化，都是在一定的历史条件下展开和完成的。因而，陈设艺术反映着不同时期、不同地域的思想价值和审美观念，体现出当时的文化风貌，展现着东方文化、礼仪之邦的中式特色（图 1–5）。

图中涵盖了中式家具四大品类，即床榻类的卧具、椅凳类的坐具、桌案类的承具，以及屏风、衣架类的杂具。整体呈现出了繁复华贵的装饰和古典雅致的中式古典风情。

图 1–5 《韩熙载夜宴图》 顾闳中

中式建筑气势恢宏、壮丽华贵，高空间、大进深、雕梁画栋并金碧辉煌，其造型讲究对称，色彩讲究对比，装饰材料以木材为主，图案多为龙、凤、龟、狮等，精雕细琢、瑰丽奇巧（图 1-6）。中式传统居室一方面讲究空间布局的层次感，体现主人的审美情趣与社会地位，在装饰手法上大量地运用了对称、天圆地方的设计表现，彰显优雅、庄重的中式风格内涵；另一方面则是由于待客空间和私人空间是严格区分开的，厅堂的设计体现礼仪制度多于舒适，室内陈设讲究对称和端正，体现出严谨划一的秩序感。

1. 主要艺术特点

中式家居的营造是人对自己内心需求及渴望的归纳和表达，其内涵精神是我国历史文明长期积淀的结果。古典中式风格的特点主要体现在室内布局、造型、线条、色调及家具陈设等方面，室内多采用对称式的陈设方式，格调高雅，造型简朴优美，色彩浓重而成熟，追求一种修身养性的生活境界。

2. 室内装饰元素

吸取传统建筑装饰样式，如藻井天棚的构成和装饰，或明清家具造型中来源于传统文化艺术中“形”“神”的特征，以及包含的大量木雕、绘画等精美繁复的装饰要素。在陈设品上，多用字画、匾幅、挂屏、盆景、瓷器、古玩、屏风、博古架等；在装饰细节上，崇尚自然情趣，多用花鸟、鱼虫等艺术元素；在工艺上，精雕细琢，富于变化，充分体现出中国传统的美学精神。

故宫内景的塑造延续了建筑的恢宏和贵气，对称格局彰显出中正平和之气，红黄两色更是展现出故宫的绝美和中国文化的魅力。故宫的中国红俨然成为一种精神图腾，经过世代的传承、沉淀和深化，深深地嵌入了每一个中国人的灵魂。

图 1-6 故宫内景

1.1.2 新中式风格

新中式风格是指中国古典陈设在现代背景下的重新演绎，它不是复古元素的简单堆砌，而是以现代的眼光理解和诠释中国传统的一种审美趣味。

在中华民族伟大复兴的大背景下，国人的民族意识和自我意识逐渐复苏，“模仿”和“拷贝”已经不再是设计手段。设计师开始从传统文化中汲取营养，以功能性的空间划分和家具用途为基础，吸收古典样式的陈设，并运用现代的设计思维与方法创造出含蓄秀美的新中式风格。中式元素与现代材质的巧妙兼容，明清家具、花板与布艺床品的交相辉映，再现了移步换景的精妙小品，中国风并非表象层面上的复古，而是通过中式风格来表达对清雅含蓄、端庄丰华的东方精神境界的追求（图 1–7）。

图 1–7　中式风格

新中式是通过对传统文化的重新认识，将传统元素提炼融合到现代人的生活和审美习惯的一种装饰风格，是以现代人的审美来打造富有传统韵味的居室。新中式风格秉承了传统古典风格的典雅华贵，让传统元素具有简练、大气、时尚的特点，让现代家居装饰更具有中国文化韵味。传统家具、字画、匾幅、挂屏、盆景、瓷器、古玩、屏风、博古架等元素依然是新中式软装设计中的主角，只是这些元素更多的是追求“神似”，细节上崇尚自然，格调高雅，充分展现出古典与现代结合的美学精神（图 1–8）。

图 1-8　新中式风格

1. 主要艺术特点

简洁而单纯的色彩是新中式的首选，结合墙面的留白、家具的陈设形成虚实变化，隔而不断的效果。现代中式空间多采用简洁硬朗的直线装饰，不仅反映出现代人追求简单生活的居住要求，更迎合了新中式风格追求内敛、质朴的设计风格。

2. 室内装饰元素

灰色系富有抽象纹理的瓷砖，深邃的黑洞石、做旧的深灰色橡木、浅灰色的素纹墙纸及拉丝不锈钢等富有质感的现代材料，都是新中式风格彰显时尚高雅的空间韵味的装饰。摆设上讲究少而精，适当点缀一些富有东方情调的陈设物就可以达到很好的装饰效果（图 1-9）。

图 1-9　新中式风格室内装饰

1.2 色彩解读

中式风格传统又常见的色彩体系是古朴沉着的暖棕色或黑灰色，源于中国的建筑和家具以各种木料为主，室内营造深沉、庄重、宁静的氛围；而另一个色彩体系是在中国文化传承中形成的观念性色彩，譬如来自皇家的明黄、喜庆的大红、青花瓷的蓝色、水墨的黑色、月牙的白色等，它们具有鲜明的可识别性的符号和意义，承载着中国隐性文化来表达中式色彩感觉的功能（图 1-10）。

图 1-10　中式风格的色彩体系

中国红

红色在中国有着非同凡响的地位，对于中国人来说，红色象征着吉祥、喜庆，传达着美好的寓意。在中式风格的家居中，将这种火热的颜色运用在室内软装中，代表着生活的激情，也令人感受到浓郁的东方情怀（图 1-11）。

图 1-11　中国红

帝王黄

黄帝重土德，尚黄色，黄色是中国传统社会地位最高、最尊贵的色彩。帝王黄以明亮的颜色彰显其鲜明、光芒的力量，具有光明、华美、富丽的意义。帝王黄正如它的名字，是凝练气质，无上尊贵的王者色彩，并给人以厚重、沉稳的深刻印象（图 1-12）。

图 1-12　帝王黄

青花蓝

《说文解字》里说："青，东方色也"，也就是说青色是最具东方文化韵味的颜色。青花的学名叫作"釉里蓝"，又因为"釉里蓝"的蓝料被经常用来描绘花卉图案，所以叫青花。事实上陶瓷绝不仅仅是匠人文化，它更是中国特有的审美文化（图 1-13）。

图 1-13　青花蓝

水墨黑

“黑”，宇宙混沌之色彩，可以说是中国古代史上单色崇拜时间最长的色系，意为大气古朴，象征坚强，无私，神秘肃穆。除此之外，黑色还代表着斑斓的古韵，古称墨生五色，遇水则化焦、浓、重、淡、清，中国意境在此传承。黑色不仅在古代中国是众色之王，在现代社会也是时尚界的宠儿（图 1–14）。

图 1–14　水墨黑

月牙白

“白”在中国古代色彩观念中，清洁纯正，具有多义性。万物皆空，起点是空白，终点也是空白。白色常让人联想到不祥与哀思，所以很少有王朝喜欢白色。但是，殷商和两宋时期的金国政权统治者却常以白色来代表统治有道，为君有德。而今日的白，更多的是想象和创意的载体，在喧嚣的当下，让色彩回归到最原始的状态（图 1–15）。

图 1–15　月牙白

1.2.1 古典中式风格软装色彩

古典中式风格的软装主要以沉稳颜色为主，色彩大多为浊色调，家居配色深沉、低调、朴实、厚重，因此在家具上常见深棕色系；同时，善用皇家色进行装点，如帝王黄、中国红、青花瓷蓝等，另外祖母绿、黑色等也会出现在中式古典风格的居室中。但需要注意的是，除了明亮的黄色之外，其他色彩多为浊色调。

配色要点：古典中式风格以黑、青、红、紫、金、蓝等明度高的色彩为主，其中寓意吉祥、雍容优雅的红色更具有代表性。中式古典风格的饰品色彩可采用有代表性的中国红和中国蓝，居室内不宜使用较多的色彩装饰，以免打破优雅的家居生活情调。室内空间的绿色多以植物代替，如吊兰、大型盆栽等（图 1-16）。

图 1-16 古典中式风格软装色彩

1.2.2 新中式风格软装色彩

新中式风格的色彩趋向于两个方向发展：一是色彩淡雅、富有中国画意境的高雅色系，以无色彩和自然色为主，能够体现出居住者含蓄沉稳的性格特点；二是色彩鲜明且富有民俗意味的色彩，能够映衬出居住者的个性。

配色要点：新中式风格的空间主色常以干净的白色加自然的木色为基础色调，软装则常用经典的白、黑、灰、黄橙色系或青花瓷蓝。在装饰物中，以青花瓷、茶案、仿古灯、水墨山水画等元素进行点缀（图 1-17）。

图 1-17　新中式风格软装色彩

1.3 家具类型

中国人最早是席地而坐，家具尺度因此大多较矮。由于“礼”仪在国家仪式和日常生活中扮有重要的角色，因此生活家具和礼仪家具有很大区别，前者简朴，后者竭尽所能的精美。

（1）商周时期：用来摆放肉的俎和放酒坛的禁，都是祭祀中使用的器具，以体现统治者的权威及对神与祖先的崇拜。

（2）秦汉时期：为了生活方便的家具开始出现，床得到普及，榻、隔断、椅具等也开始出现。

（3）魏晋时期：胡人垂足而坐的习惯逐渐影响汉人。

（4）唐朝和五代时期：许多家具已经按照垂足而坐的尺度来设计。

（5）宋代：无论桌椅还是围子床，造型皆是方方正正、比例合理的，并且按照严谨的尺度，以直线部件榫卯而成，使其外观显得简洁疏朗。

（6）明朝：民间家具传承宋代的洗练单纯，多以素雅简洁、古朴大方著称。从清初到康熙中期，明式家具质朴简练的风格在制作工艺上得到沿袭。

（7）清朝：清中叶以后，经济繁荣昌盛，软装器具用材厚重、用料宽绰、华丽富贵，家具造型宽大，体态凝重，并充分发挥雕、嵌、绘等装饰手法，制作技术达到炉火纯青的程度（图 1-18）。

图 1-18　十二美人图

1.3.1 中式家具类型和特点

中式家具气势恢宏、装饰华贵、金碧辉煌，造型讲究对称，色彩讲究对比，材料以木材为主，一般可分为明式家具和清式家具两大类，图案多为龙、凤、龟、狮等，装饰细节上注重精雕细琢，且富于变化（图 1–19）。

图 1–19 中式家具

1.3.2 新中式家具类型和特点

新中式家具保留了传统中式家具的意境和精神象征，摒弃了传统中式家具的繁复雕花和纹样，多以线条简练的家具为主，将中国的传统家具与现代审美结合的新中式家具（图 1–20），在设计上一般有以下三种手法：

（1）借形：以中国传统家具独有的风格形态为出发点，在尽可能保留原有结构的基础上进行色彩和局部材料替换上的改造。

（2）借意：中式家具的发展历程浸润着皇家贵族和文人士大夫对中国儒家精神与禅道的追求，处处流露出意洁高雅、无花自芳的意境。

（3）借元素：设计师抽取中国传统装饰符号，通过简化、夸大或抽象化的处理，与现代风格的家具进行融合。

图 1-20　新中式家具

1.4 灯具选配

中式灯具材料上以木材为主，图案多以龙凤纹样或花鸟题材等元素为主，强调体现古典和传统文化的神韵，精雕细琢、瑰丽奇巧，具有内敛、质朴的设计风格。

1.4.1 古典中式灯具

古典中式灯具秉承中式建筑传统风格，选材使用镂空或雕刻，造型上富有古典气息，多采用对称式的结构，造型简朴、格调高雅。彰显传统的中式灯具在造型上会融合中国传统理念的祝福和企盼；彰显层次的中式灯具的每个立面和整体的结构比例上都极具层次感；彰显文化内涵的中式灯具设计理念充分地体现了中国家居文化“天人合一”的思想以及人与自然和谐统一（图 1-21）。

图 1-21 古典中式灯具

1.4.2　现代中式灯具

现代中式灯具只是在部分装饰上采用了中式元素，结合运用现代新材料来进行制作。以新工艺创作出来的仿羊皮灯为代表，光线柔和、色调温馨，给人宁静的感觉。仿羊皮灯主要以圆形和方形为主：圆形的灯具大多是装饰灯，在空间中起画龙点睛的作用；方形的灯具以照明用吸顶灯为主，外围配以各种栏栅及图形，古朴端庄、简洁大方（图 1-22）。

图 1-22　现代中式灯具

1.5 织物特点

1.5.1 中式花纹

1. 饕餮纹

饕餮纹又称为兽面纹，青铜器上常见的花纹之一，是通过把现实中的动物进行抽象、象征处理之后所得。突出了动物面部的抽象化图案，其中兽的面部巨大而夸张，装饰性很强，形态狰狞恐怖，有浓厚的神秘色彩，充分体现了古代劳动人民的智慧和创造能力（图 1-23）。

图 1-23 饕餮纹

1—目；2—眉；3—角；4—鼻；5—耳；6—躯干；7—尾；8—腿；9—足

2. 龙凤纹

龙凤纹是一种典型的瓷器装饰纹样，其描绘了龙与凤相对飞舞的画面。龙为鳞虫之长，凤为百鸟之王，都是祥瑞之物，代表着权利和生机，龙纹代表着男性的地位，凤纹则代表着女性的荣耀。龙凤纹是中华民族纹饰中最具有代表性的形象符号，体现了中式的智慧、意境和精神（图 1-24）。

图 1-24 龙凤纹

3. 回纹

回纹是由古代陶器和青铜器上的雷纹衍化来的几何纹样，由横竖短线折绕组成的方形或圆形的回环状花纹，形如“回”字而得名。《说文解字注》：“外为大口，内为小口，皆回转之形也。”回转不停，回归再生，寓意有取之不尽，用之不竭的能力与财富，及万事万物都有起伏波折，事物到了下限的时候又要开始一次新的上升，被民间称为“富贵不断头”（图 1–25）。

图 1–25　回纹

4. 云纹

云纹，云形纹饰， 古代吉祥图案，象征高升和如意，云纹形态多样，有十分抽象规则的几何图形，也有生动形象的自然图形。流动飘逸的曲线和回转交错结构，体现了中华民族审美的普遍倾向，热衷流动形式之美，被广泛装饰在古代汉族建筑、雕刻、服饰、器具及各种工艺品上，蕴涵着中华民族的文化理念和审美趣味（图 1–26）。

图 1–26　云纹

5. 吉祥图案

吉祥图案起始于商周，发展于唐宋，鼎盛于明清，以象征、谐音等手法组成具有一定吉祥寓意的装饰纹样，表达了人们对幸福生活的美好期望和向往。吉祥图案作为中国传统文化的重要部分，已经成为认知民族精神和民族旨趣的标志之一，丰富多彩的内涵、真善美的理念，正是中华民族文化的象征（图 1-27）。

图 1-27 吉祥图案

五福捧寿，多福多寿（图 1-28）借喻蝠与福同音，而桃来表寿，五只蝙蝠围绕桃表福寿万代。鲤鱼，连年有余（图 1-29）荷叶莲花，配以鲤鱼组成图案，借喻莲与连，鱼与余谐音，取意每年生活富足。寿桃、石榴、如意（图 1-30）寿桃取其长寿，石榴取其子多，寓为祝贺福寿延绵不绝之意。

图 1-28 五福捧寿图案

图 1-29 鲤鱼图案

图 1-30 寿桃、石榴、如意

1.5.2 中式风格窗帘

新中式家居中的窗帘多为对称设计，且帘头简单。在材质方面，可以选用丝质材料，造型讲究对称和方圆，采用拼接和特殊剪裁方法制作出富有浓郁唐风的帘头，彰显中式风格。另外，抱枕的选择可以根据整体空间的氛围来确定，如果空间中的中式元素较多，抱枕最好选择纯色；反之，抱枕则可以选择带有中式花纹或花鸟图的纹样（图 1-31）。

图 1-31　中式风格窗帘

1.5.3 中式风格床品

中式风格床品多选择丝绸材料制作，中式云纹和回纹都是这个风格最合适的元素，有时候会以中国画或龙凤图腾的纹样作为床品的设计图案，尤其在喜庆时候采用的大红床组更是中式风格最显著的情感表达（图 1–32）。

图 1–32 中式风格床品

1.5.4 东方风格地毯

图案往往具有装饰性强、色彩优美、民族地域特色浓郁的特点，比如：梅兰竹菊、岁寒三友、五福图、平安吉祥等题材，配以云纹、回纹、蝙蝠纹等图案，这种地毯多与传统的中式明清家具相配（图 1–33）。

图 1–33 东方风格地毯

新中式风格的布艺主要体现在对中国传统纹样的运用上，然而中国传统纹样是对具象的表现主题进行抽象化的表达，讲求的是对称与均衡，它们蕴含着吉祥如意，寄托了人们对居室和生活的美好愿景。在中式织物的软装搭配中，首先要考虑抱枕、地毯和窗帘等必须在颜色和图案方面呼应主体风格，织物元素要充分展现出简洁感，才能展现出和谐的效果，其次，可以采用丝质和刺绣的布艺，以此来彰显新中式风格的典雅（图 1–34）。

图 1–34 中式布艺

1.6 装饰要素

1.6.1 饰品

在中国古代，工艺品除了实用和装饰，还有许多是为了私下的品鉴和把玩，因此中国传统的工艺品多种多样——字画、匾幅、瓷器、青铜、漆器、织锦、扇子、木雕、民间工艺等。中式风格表现的是一种端庄大方的气韵、丰满华丽的文采，追求一种修身养性的生活境界，在装饰细节上崇尚自然情趣，有着花鸟鱼虫等精雕细琢且富于变化的造型，营造一种稳健典雅的气势，追求一种诗情画意的气氛。这也是东方文化、礼仪之邦的特色（图 1–35）。

图 1–35 中式风格

新中式风格继承的虽然是传统的语汇，但在摆放方式上更趋向现代主义的自由形式。空间的视觉焦点展示最具中式元素的陈设品，以凸显新中式风格。除了传统的中式饰品，搭配现代风格的饰品或者富有其他民族神韵的饰品也会使新中式空间增加文化的对比。如以鸟笼、根雕为主题的饰品，会给新中式家居融入大自然的意境，营造出休闲、雅致的古典韵味。同时，为了让新中式空间多几分活力，可在整体统一的前提下进行小面积的对比，选择具有现代工艺、材质或异国风情的陈设品进行混搭，从而突出新中式风格的“新”（图 1–36）。

图 1-36　新中式风格饰品

1. 客厅饰品

新中式风格客厅选择饰品时要在符合主色调的基础上，尽量将现代元素和传统元素相结合，以现代人的审美需求来打造富有传统韵味的“现代禅味”。再有中式风格的客厅家具多用木桌木椅，为了摒除木的单调乏味，经常会在桌面上覆一条纹饰精美的桌旗，这种饰品一般由上等的真丝或棉布做成，让人感受到古老而神秘的东方文化。

2. 卧室饰品

新中式风格是在传统中式风格中演化而来的，在选配新中式风格卧室饰品时，要在传统的中国黄、蓝、黑和深咖色中选择主色彩，但只能确定一种主色调。注意不要过多地采用中式传统的繁复形式进行装饰，点缀使用回纹等中式风格里经常出现的元素，就可以让空间散发出古色古香的中式气氛。简单、恰到好处的配饰更能体现中式风格的典雅大方。

3. 书房饰品

新中式风格的书房在饰品选择上，首选是传统的摆件，如文房四宝、瓷器、画卷、书法、茶具、盆景和带有中式元素图案的摆件，这些具有文化韵味和独特风格的饰品，最能体现中国传统家居文化的独特魅力。中式风格饰品在陈列时尤其要注意呼应性，讲究合美原则，使整个书房充满韵律（图 1-37）。

4. 卫浴饰品

中式风格卫浴空间的饰品一般可以选择花器、盆景小饰物，采用具有年代感的精致元素加以点缀，就可以让中式风格更为突出。

总之，空间不能过度拥挤，也不要过多留白，恰到好处是中式风格设计的重要原则。

图 1-37 书房饰品

1.6.2　画品

中国画作为我国琴棋书画四艺之一，历史悠久，其作画方式在于表现形式，重神似而不重形似，“气韵生动”是中国绘画的精神之所在，强调观察总结，重视意境不重视场景。作画手法在于用墨和中国画颜料在特制的宣纸或绢上作画，称为水墨丹青，是以水为韵，以墨为骨，以色彩为辅。作画题材主要有人物、花鸟、山水三种（图 1-38），形式分为工笔和写意两种方式（图 1-39）。

图 1-38　王希孟《千里江山图》

图 1-39　黄筌《苹婆山鸟图》

齐白石，中国近现代绘画大师、世界文化名人，集书法、篆刻、绘画、诗歌于一身，与吴昌硕共享“南吴北齐”之誉。其绘画是中国画笔墨情趣的绝对体现，更是中国文人绘画近现代的高峰。齐白石一生勤奋，砚耕不辍，留下画作三万余幅、诗词三千余首、自述及齐白石文稿手迹多卷（图 1-40）。

齐白石自小便善于篆刻且勤奋好学，少年期间师从木工，16 岁时改学民间雕花木工。他没有因为农民出身或是手工业劳动的背景所束缚，而是以学为志，不断壮大己身，尽管贫困潦倒，却依旧保持初心。27 岁拜师陈少番和胡沁园，艺术生涯才正式开始，求学之路不乏辛酸艰难，但他朴实勤奋、不轻言放弃。学有所成后也从未懈怠，续学百家之所长，择幽居而炼心，勤奋创作，几十年不曾间断，哪怕是 80 岁的高龄，却也是他创作的最高峰，始终如一，坚持不懈。早年时期的勤奋笃学到中年时期的博采众长，最终开创晚年时期的“齐式风格”，这样的大器晚成也成为中国美术史上的传奇丰碑。

齐白石守匠心、传匠艺，不受“西艺东渐”的影响，其创作风格与作品内容皆以中国传统美术为主，也没有走中西融合的道路，而是继续在中国传统美术意义上不断延伸。作为中国传统文化的推陈出新者，齐白石秉承传统绘画的精髓，以独特的艺术积累达到中国近代美术的巅峰，其作品不仅具有独特的审美韵味，还有作品背后隐藏的那份对中国传统文化的眷念与敬畏的赤子之心。齐白石作为中国传统文化继承者的人生实践过程，彰显了中国优秀传统文化的博大精深与文化风骨，这也正是我们需要坚持并传承的文化艺术精神。毕加索曾评价齐白石是中国了不起的一位画家；朗绍君则说齐白石作为一个孜孜不倦的追求者，在长达一个世纪的奋斗中所显示的创造精神具有楷模性；而王仲说齐白石用自身作为榜样，留给我们 21 世纪中国艺术家最珍贵的启示，这启示就是齐白石的工匠精神，工匠精神与艺术精神相互支撑，完美融合，进而成就了齐白石的艺术人生。因此，青年一代的我们应传承齐白石尊师重友、锲而不舍、精益求精的工匠精神和循序渐进、不断创新，追求卓越的艺术精神。

图 1-40　齐白石《虾》

中国画的展现方式有手卷（图 1-41）、中堂、扇面（图 1-42）、册页、屏风，手卷是中国绘画的基础展现形式，通过下加圆木作轴，把字画卷在轴外的方式将手卷画装裱成条幅，便于收藏；中堂是中国绘画的室内主要展示形式，在厅堂正中背屏上大多悬挂中堂书画，两侧配以堂联渐为固定格式来装点厅堂；扇面画是将绘画作品绘制于扇面上的一种中国画门类，集实用性和艺术性为一体，既渲染文学和书画作品又极具实用性；册页也称为“叶子”，是受书籍装帧影响而产生的一种装裱方式，专门用于装裱小幅书画作品，便于欣赏和收藏、保存；屏风是一种室内陈设物，主要起到挡风或屏障作用，多与中国传统环境玄学有关，而画在屏风上的画，称为屏风画或者屏障画，也有称为画屏、图障。新中式风格的室内软装选用经过装裱的书画作品是装饰厅堂，美化居室的佳品，工作之余坐在室内品茗赏画，享受生活、陶冶情操。

图 1-41　张择端《清明上河图》手卷

图 1-42　张大千字画　扇面画

1.6.3 花品

东方花艺崇尚自然、朴实和雅致，追求内在的精神共鸣，寓意深刻。花材的选择以“尊重自然、利用自然、融入自然”的自然观为基础，植物选择以枝杆修长、叶片飘逸、花小色淡、寓意美好的种类为主。通常是线条式插法，多用木本花材，符合自然生长规律，融书、画于插花中，吸取传统装饰的“形”与“神”，并以传统文化内涵为设计元素，体现中国数千年的传统艺术，营造出一种文人墨客的空间情怀（图 1–43）。

东方风格插花重点：

（1）使用的花材类型和数量不求多，只需插几枝便能达到画龙点睛的效果。造型多运用枝条、绿叶来勾线、衬托。

（2）形式追求线条构图的完美和变化，崇尚自然，简洁清雅，遵循一定的形式美法则，但又不拘泥于某种特定形式。

（3）用色朴素大方，清雅脱俗，简洁明了，另外对色彩的处理较多用对比色，特别是把握好容器的色调来做反衬。

图 1–43　中式花品

江南私家园林的主人想把诗文、绘画里的自然留在身边，因此他们在很小的空间里创造了一种充满“诗情画意”的咫尺山水，其中石艺、盆栽和花草的形式，以及对小空间的灵活运用，常常被借来充当室内软装饰。植物自然的姿态搭配古典样式家具及典雅的瓷器，舒朗之气确实传达出中国“天人合一”的意境（图 1-44）。

图 1-44　苏州园林——拙政园

项目范例展示

图 1-45　空间色彩搭配示意图

中式：更多优秀习作

图 1-46　客厅软装配置效果图

新中式风格软装案例赏析

珠海天誉珠海湾样板房“四季光华”A/B/E 户型

项目地址：广东珠海

设计单位：EMA 轶美设计

项目介绍：此次项目三个样板房所营造的体验式空间，灵感源自加拿大画家马丁·博普雷(Martin Beaupr é)禅宗意境的创作概念，以简为铺垫，最大效果地呈现空间的价值，延伸清净、平和的气质，巧妙运用色彩、留白、细描等展现其中浪漫，点缀惊喜，并伴随着冬日和暖，春天清韵，夏日灿烂，秋临舒爽的变化，四季光华流转，关于家的美好填满记忆，城市、自然、艺术与生活都纳入其中，尽展风雅妙趣，以此，演绎人居与人文、物象与意象并叙的当代国风家舍。

A 户型 – 冬藏万物 95 m² “东方、清雅、简朴”

“藏于大境之中，居于生活之内，慕之万象，皆在其物”。

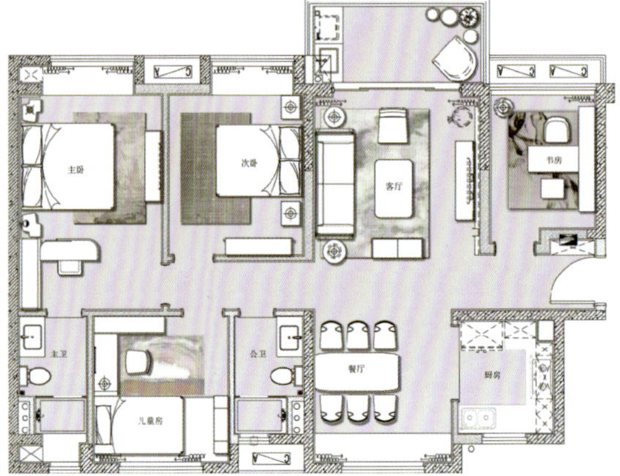

在一片简净中，复杂的画作线条跃然眼前，巧妙地与大理石、纯色背景形成对景关系，视觉由深远意境缓缓落在精巧的柜格之间、摆件上，透过东方山水美学、物质形态、材质纹理的融合，折射出人、自然、空间、时代相互依存的艺术语言。

餐厅延续了空间气韵，只是在视觉上着重描绘了庄重而不失优雅的棕褐色，并以水墨元素器皿、金属轻质灯饰加深细节的灵动性，更显生活格调；侧立落地窗，自然光洒落，和煦朦胧，在诗意中谱写一蔬一饭的温暖。

取直画圆，自由落笔，东方墨色渲染出主卧朴华意蕴，令居者深感舒适惬意，中空隔断，以木色、金属、山水为画，虽格局有限，但身心自在，可舒展至悠远的自然境中，感受冬日暖阳下的愉悦与充实。

次卧更简，主调仅以纯色、木色衔接，而中式家具的设计自带风雅，点缀凹凸有致的现代画作、艺术雕塑、摆件，略带原始的力量，立体地呈现设计的刚柔并济。

对于小孩房，设计要做的除了满足生活、成长的需求，也要照顾孩子的内心，纯净的色彩搭配似星空环绕的灯饰、精巧小件，每一笔线条的交织、材质的选择都经过考量，让温润包裹空间，幸福感深植于孩子的心中，永远向阳，独立灿烂。

B 户型 春和景明 77 m² “休闲、浪漫、清和风逸”

“我庭小草复萌发，无限天地行将绿”。

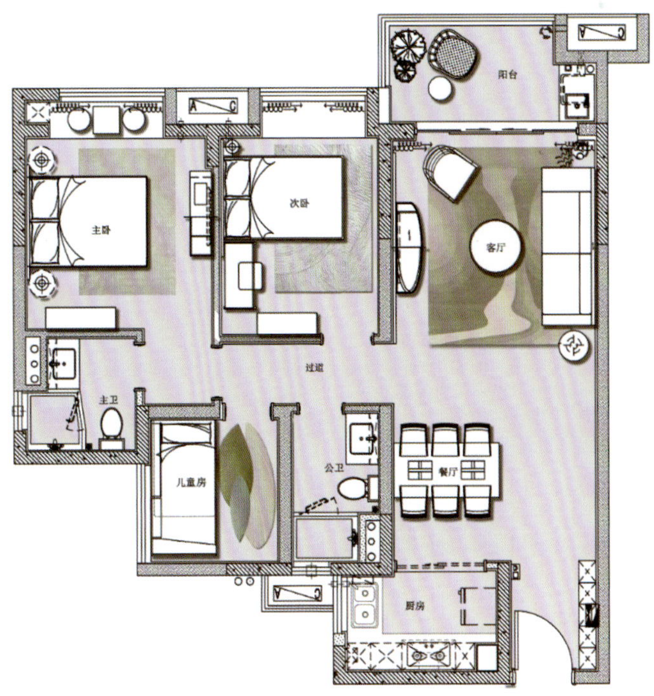

一方圆形浮画山水显禅韵，一方圆比例精确述现代工艺美学，素色里，淡墨雅蓝入织，几笔碧翠点映，曲缓之间，心境瞬间被打开，流离在轻快的节奏中，感受原始木质的清香与生命力，以及时代艺术的气息。

“谓悬象，日月星辰也”，设计择“象”形器皿，置于云墨纹理、黛玉青石元素间，构成一幅天然生态小景，承载着都市生活以外，浪漫潋滟的时光。春光佐茶，静雅入画，细枝末节的美好，往往最触动人心，时时刻刻酝酿出生活的甘甜，令人沉醉。

藤木纹理对应印象画作，竹编灯饰对称白色韵调，素麻纹理、扇形吊灯……，日式匠美与现代艺术的杂糅，在城市与山海之间，渲染静谧，给予居者享受安逸的卧室空间。

进入次卧，自然与东方底蕴依然是设计的启发点，只是对于元素的运用更多元多样，几何、图像的元素组合，为空间增加了一丝戏剧性和规模感，简雅之余，时尚清新。

小孩房不必刻意遵循哪一种传统或风格，天马行空本身就是孩子的特质之一，色彩、形式、纹理多种多样的变化，都相对应地结合了安全性、舒适性和实用性，在充分利用空间面积的条件下，给予孩子属于 TA 的“梦幻世界”。

E 户型 夏日盈泽 66 m² “清朗、明媚、不拘形迹”

“时间是不会停止的循环旅程，其中心形成的生命勾结，悄无声息地周而复始，唯有情感与独属于艺术的美，不可复制 。”

海洋、度假是在夏日里令人心动的两个名词，设计以此为主题，将海洋色彩、度假风韵融入空间，带给人强烈的视觉冲击力，让家充满了明媚阳光的气息，映衬着大理石电视背景的冷冽感，犹如清风拂过的舒爽通透；线条勾勒出灯饰、墙面艺术装置、座椅、茶几，结合落地灯的轻灵，让居者感知生命的喜悦与热情，心绪自由而安然。

这份情感蔓延至餐厅，见证了传统东方浓郁的艺术纹理与年轻一代的不羁个性，两者所产生的文化共鸣，蓝色色系附着在不同的形态——不规则的、立体的、实用的，让美学创新渗透传统，体现空间的本质价值。

“和光同尘，静水流深”

阳光倾洒在主卧，凸显纹理的变化，中和简雅娟秀的空间元素，蕴出含蓄内秀，再点缀几缕清爽的蓝色，明媚尽展，舒朗阔达，居者或坐或卧，随心随性。

次卧的镜面设计扩展了视野，丰富了层次，于虚实之间，映照出生活、理想与艺术的高情远致。

蓝色是大海、天空，也是宇宙，是孩子们纯真善良的内心，设计很好地利用了窗台延伸空间布局，让成长始终伴随光明，驾驶着梦想，勇敢地驰骋未来。

设计师感悟：

家和生活一样，有一万种可能，每个阶段所寻求的都会有差别，但是在思想与精神层面，始终遵循本心，表面简单但内蕴万物，丰富而强大。

人们对于空间的需求已不仅是居住和使用，它代表着一种生活方式，一个能够抚慰情感，让内心得到充盈，并且满足品质追求的地方，因此，在融合理性、艺术性、生活、自然的同时，设计也更关照“人”本身，这才是家的意义。

学习情境 2 欧式风格软装项目

欧式风格，在时间上起源于古希腊古罗马时期、终止于折中风格时期的各种欧洲建筑（图 2-1）于艺术风格的混合运用和改良，它继承了欧洲 3000 多年传统艺术中华贵繁复的装饰风格，又融入了当代设计师对功能的追求，欧式软装因为创造了一种复杂而华丽的视觉效果而被大家欣赏。在今天多元混搭的设计理念下，欧式古典与其他室内风格的混合，总能制造出新奇和极具个性的家居空间。

图 2-1　圣彼得大教堂

◎课前任务

1. 观看微课，感受欧式风格；
2. 收集素材，谈谈你对欧式风格的理解和感受；
3. 完成《学习任务活页》——设计笔记。

微课：欧式风格

人文艺术小知识——圣彼得大教堂

圣彼得大教堂（St. Peter's Basilica Church）（图2-2）又称圣伯多禄大教堂、梵蒂冈大殿。是位于梵蒂冈的一座天主教宗教圣殿，是意大利文艺复兴最伟大的纪念碑，集中了16世纪意大利建筑、结构和施工的最高成就。文艺复兴时期几乎所有重要的建筑师和艺术家都参与过它的设计，其中拉斐尔、米开朗琪罗和贝尔尼尼是最为著名的三位，他们为教堂的建设倾尽了毕生的心血。17世纪初，封建势力和天主教会联合起来对宗教改革运动和文艺复兴运动进行了镇压。教皇命令拆去圣彼得大教堂的正立面，在原来的集中式希腊十字之前又加了一段3跨的巴西利卡式的大厅。圣彼得大教堂的损害，标志着意大利文艺复兴建筑的结束。尽管如此，圣彼得大教堂还是空前的雄伟壮丽。走进它的大门，尤其是来到穹顶之下，文艺复兴时代的创造伟力表现得酣畅淋漓。反动的势力毕竟没有能够完全战胜新的、进步的思想文化潮流。它可以顽固地加建一段巴西利卡，可是这已经不可能是中世纪的巴西利卡，在文艺复兴光辉的建筑成就前面，要完全恢复中世纪的巴西利卡是不可能的了。圣彼得大教堂终于是这个“人类从来没有经历过的最伟大的、进步的变革”的不朽的纪念碑。

文艺复兴时期的基督教堂建筑是一种宗教精神的象征，将久远的神与古老的人文历史巧妙而自然地连接在一起，人类千年的历史仿佛都能在教堂的一砖一瓦中找到印记。圣彼得大教堂的建造历经了13个世纪的沧桑岁月，凝聚着不同时期的艺术大师的智慧和艺术理想。因此，当我们在欣赏圣彼得大教堂这件巨大的艺术作品时，我们不会在意它的艺术风格或拘泥于它的艺术形式，我们只需知晓，它给后世弥足珍贵的艺术享受，应当对此心怀感激。

图2-2　圣彼得大教堂内景

学习情境描述

项目概况： 本案位于仙桃市新城一号小区，建筑面积为 135 m^2，室内设计效果如图 2-3 所示。

硬装设计： 王超，万有引力设计有限公司设计总监。

项目分析： 本项目硬装设计师将基本的格调定位为欧式风格，主色调选择浅色系。软装诉求是稳重、大气、内敛。

扫一扫看全景

图 2-3　全景效果图

学习目标

1. 了解项目资料、识读施工图纸；
2. 了解软装设计的基本流程与方法；
3. 掌握软装效果图技法；
4. 掌握欧式风格的软装特点和设计要素。

任务书

对项目的平面布置图（图 2-4）进行识图、审图，划分重点空间区域，制订软装设计规划；对项目的全景效果图进行扫码观看，感知硬装特点并记录关键词，做软装设计准备。

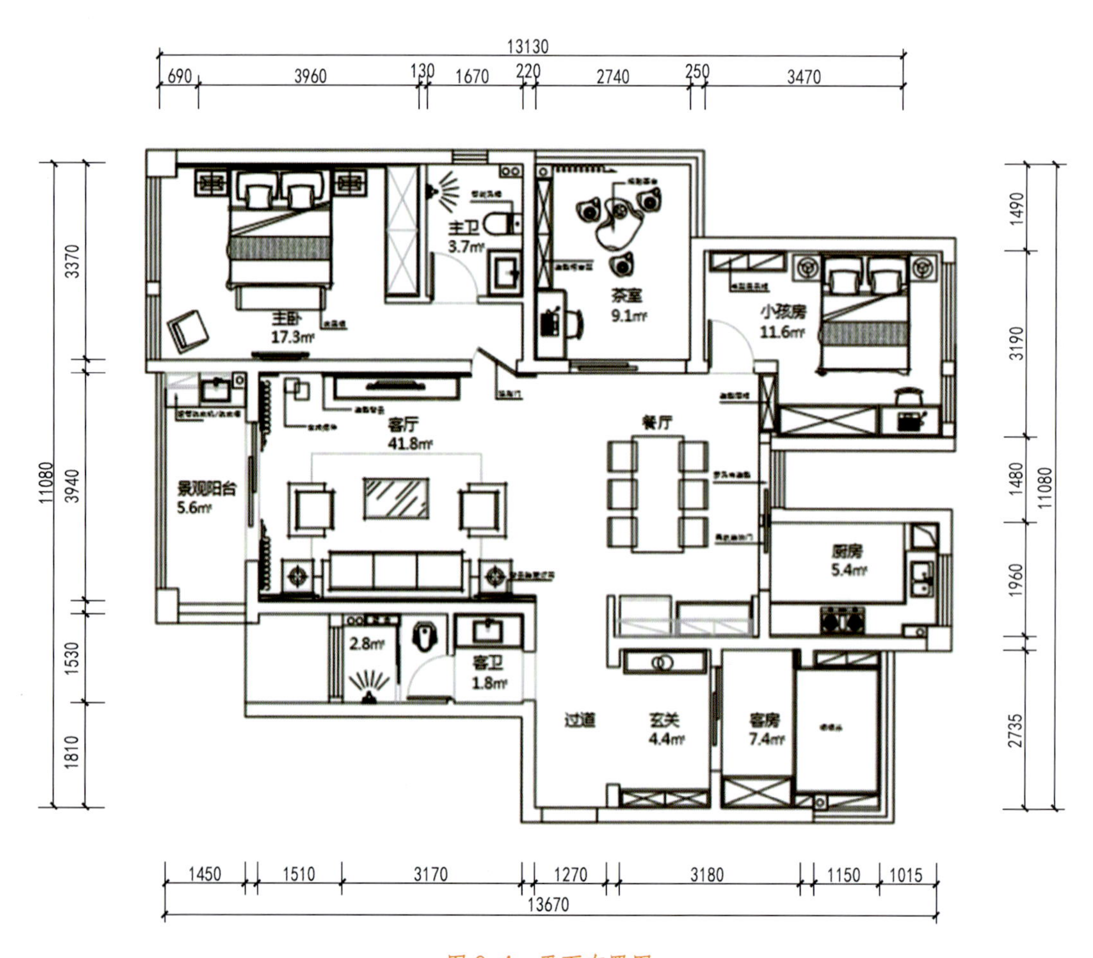

图 2-4　平面布置图

2.1 风格认知

2.1.1 巴洛克风格

“巴洛克——繁复的装饰，金色的华丽，扭曲多变的线条，强烈的律动感，反复的堆砌之美。”

——《写给大家的西方美术史》蒋勋

巴洛克是 17 世纪在欧洲盛行的一种代表欧洲文化典型的艺术风格，可以追溯至以意大利为首的欧洲国家在巴洛克时期的建筑与家具风格。打破了文艺复兴时代追求整体造型的思路，对造型进行夸张、扭曲的变形，强调线条的流动和变化等特点，强调建筑绘画与雕塑以及室内环境等的综合效果，突出夸张、浪漫、激情和非理性、幻觉、幻想等特点。巴洛克风格打破均衡，强调层次和深度，并常常使用各色大理石、宝石、青铜、金等装饰，华丽而壮观。浪漫主义精神为巴洛克软装风格设计的出发点，赋予亲切柔和的抒情情调，追求跃动型装饰样式，以烘托宏伟、生动、热情、奔放的艺术效果，造型华丽，渲染出热烈奔放的建筑空间（图 2–5）。

巴洛克风格的特点

奢侈与豪华，结合宗教特色和享乐主义；激情与气派，强调艺术家的丰富想象力；运动与变化，体现巴洛克艺术的灵魂；优雅与浪漫，富丽的装饰和雕刻以及强烈的视觉色彩；艺术形式的综合表现，在建筑上重视建筑与雕刻、绘画的综合，在陈设品上重视各种工艺和材料的结合运用。

凡尔赛宫的殿堂气势磅礴、瑰丽豪华，装饰以雕刻、巨幅油画和挂毯，配置造型精巧、工艺绝佳的家具。装潢考究，给人以豪华奢靡、富丽奇巧之感。

图 2–5　凡尔赛宫

镜厅（图 2-6），又称镜廊，是凡尔赛宫最著名的大厅。镜廊拱形天花板上是勒勃兰的巨幅油画，挥洒淋漓，气势横溢，展现了一幅幅风起云涌的历史画面。厅内天花板上为巨大的波希米亚水晶吊灯，大理石和镀金的石膏工艺装点着墙面，高大的拱窗和瑰丽的天花板，体现出巴洛克风格室内设计的华丽与雄壮。

图 2-6　凡尔赛宫镜厅

2.1.2 洛可可风格

“洛可可——法国大革命前的宫廷艺术主流，崇高、富贵、华丽反复的装饰美。”

——《写给大家的西方美术史》蒋勋

洛可可艺术形成于 18 世纪初的法国，精致、甜美、优雅，盛行于法王路易十五时期，是一种纤巧、华美、富丽的艺术风格。崇尚自然装饰题材，常用蚌壳、卷涡、水草及其他植物曲线为花纹，局部以人物点缀，并以高度程式化的图案语言表达，打破了艺术上的对称、均衡、朴实的规律，在家具、建筑、室内等艺术的装饰设计上，以复杂自由的波浪线条为主势，把镶嵌画以及许多镜子用于室内装饰，形成了一种轻快精巧、优美华丽、闪耀虚幻的装饰效果。色彩娇艳、光泽闪烁，象牙白和金黄是其流行色，并经常使用玻璃镜、水晶灯强化效果，色泽柔和、艳丽，并以大量饰金的手法营造出一个金碧辉煌的室内空间（图 2–7）。

洛可可风格的特点

细腻柔媚，变化万千，喜欢用弧线和 S 形的装饰风格，尤其爱用贝壳、旋涡、山石作为装饰题材，但有时流于矫揉造作。为了模仿自然形态，室内建筑部件也往往做成不对称形状，且室内墙面粉刷多用嫩绿、粉红、玫瑰红等鲜艳的浅色调，线脚大多用金色，墙面大量镶嵌的镜子闪烁着光辉，低垂厚重的幔帐，悬挂晶体玻璃的吊灯。

影片《绝代艳后》讲述的是路易十六的妻子玛丽　安托伊奈特的生平，而这个时期，也正是洛可可艺术最为繁盛的时期。本片场景华丽之极，是最具代表的洛可可风格，从建筑到室内装饰，再到人们的着装，无不散发着洛可可独有的浪漫奢华的情调。

图 2-7　影片《绝代艳后》剧照

2.1.3 新古典主义

“新古典主义——隔着历史遥远的距离，赋予古典元素新的时代意义”

新古典主义时期开始于 18 世纪 50 年代，出于对洛可可风格轻快和感伤特性的一种反抗，也有对古代罗马城考古挖掘的再现。新古典并不等同于古典，是隔着历史遥远的距离，把古典元素拿到当代来重新使用，赋予这些元素新的时代意义。新古典主义的设计风格其实是经过改良的古典主义风格，其风格的精髓在于摒弃了巴洛克时期过于复杂的机理和装饰，结合洛可可风格元素，仍然可以很强烈地感受传统的历史痕迹与浑厚的文化底蕴，同时又摒弃了过于复杂的肌理和装饰，简化了线条，重新流行直线和古典规范。其运用于软装设计上的特点是简单的线条、优雅的姿态、理性的秩序和谐（图 2–8）。

新古典风格的特点

新古典风格从简单到繁杂、从整体到局部，精雕细琢，镶花刻金都给人一丝不苟的印象。既包含了古典风格的文化底蕴也体现了现代流行的时尚元素，是复古与潮流的完美融合。“形散神聚”是新古典的主要特点，在注重装饰效果的同时，用现代的手法和材质还原古典气质，古典与现代的完美的结合也让人们在享受物质文明的同时得到了精神上的慰藉。

图 2–8　艾斯特剧院

图 2-9 欧式风格

2.2 色彩解读

欧式风格的色彩运用通常有两种趋势，一种是继承了巴洛克风格和洛可可风格的丰富色彩，巴洛克的装饰喜欢使用大胆的颜色，包括黄、蓝、红、绿、金和银等，渲染出一种豪华的、戏剧性的效果。而洛可可喜欢用淡雅的粉色系，如粉红、粉蓝和粉黄等，整体感觉明快柔媚。另一种是讲究整体和谐，传递出新古典主义所追求的庄重和霸气感，多采用较为统一的中性色，如黑色、棕色、暖黄色等，再点缀以深色或金黄色的边缘装饰，色彩看起来明亮、大方，整个空间给人以开放、宽容的非凡气度，让人丝毫不显局促，整体营造出高贵与宁静的气氛。此外，在以冷色调为主的室内设计中可多使用暖色调的陈设进行调节，反之亦然（图 2-10、图 2-11）。

古典欧式风格的色彩凝重且沉稳，与金属色的纹饰结合使用，能够打造出华丽、高贵和精致的视觉效果。

图 2-10　欧式色彩

简欧风格的色彩轻快明朗，其中包含了一些现代元素，大面积使用白色、亮灰色，搭配手法也比古典欧式更加灵活。

图 2-11　欧式色彩

2.3 家具类型

2.3.1 巴洛克式家具

在 17 世纪的意大利，装饰艺术达到了极致，追求动感是巴洛克艺术永恒的主题，迷人而无章的巨大雕刻被极度夸张、扭曲。巴洛克式家具利用多变的曲面，采用花样繁多的装饰，做大面积的雕刻、金箔贴面、描金涂漆处理，夸大的形式与严格的结构思想，形成了一种极富戏剧性的风格（图 2–12）。

巴洛克式家具样式多为雄浑厚重，以壮丽与宏伟著称，强调力度、变化和动感的特色，透出一股阳刚之气。结构线条多为直线，强调对称，整体呈方正感，给人以古典庄重之感。用曲面、波折、流动、穿插等灵活多变的夸张强调手法来创造特殊的艺术效果，以呈现神秘的宗教气氛和有浮动幻觉的美感。这种样式具有过多的装饰和华美的效果，色彩华丽且用金色予以协调，构成室内庄重豪华的气氛。

图 2–12　巴洛克式家具

2.3.2 洛可可式家具

在 18 世纪的法国，人们厌倦了巴洛克的喧嚣和放肆，对轻盈、自由、纤巧的艺术造型产生了兴趣，便产生了洛可可式风格。洛可可式家具以曲线纹饰蜿蜒反复，创造出一种非对称的、富有动感的、自由奔放而又纤巧精美、华丽繁复的装饰样式。纤细而优雅，显示出女性化的品位和格调（图 2–13）。

洛可可家具有着如流水般的木雕曲面和曲线，以回旋曲折的贝壳形曲线和精细纤巧的雕饰为主要特征。其形态更加优美，常常采用不对称手法，喜欢用弧线和 S 形线，华丽精致且偏于烦琐。其家具造型基调为凸曲线及贝壳状的螺旋曲线，配以精细纤巧的装饰，同时用海贝、花叶、果实、绶带、卷涡和天使组成华丽纤巧的图案，将最优美的形式与尽可能的舒适效果灵巧地结合在一起。

图 2–13　洛可可式家具

2.3.3 新古典主义家具

18 世纪中叶期，在法国人对古希腊、古罗马家具艺术再次复古之后，意大利、英、美、德等国家家具产生了许多具有“高度简洁、纯朴壮丽”特点的新古典主义风格，如帝政亚当式、谢拉顿式等。

新古典所有的家具式样精炼、简朴，雅致；做工讲究，装饰文雅。曲线少，平直表面多，显得更加轻盈优美。百日榻兴起于法国新古典主义时期，是其家具创造的代表，它以营地床形状为造型，带有帐篷一样的床帏，是对当时革命热潮主题的呼应，显示了新古典主义对古希腊古罗马的崇拜与模仿。意大利新古典主义风格激情浪漫、西班牙新古典主义风格摩登豪华、美式新古典主义风格自由粗犷，成就了欧式新古典多元化的风格（图 2–14）。

图 2–14 新古典主义家具

2.4 灯具选配

欧式风格灯具（图 2-15）是当下人们眼中奢华典雅的代名词，以华丽的装饰、浓烈的色彩、精美的造型著称于世，它的魅力在于体现出的优雅隽永的气度代表了主人卓越的生活品位。欧式灯具非常注重线条、造型的雕饰，以金黄为主要颜色，以体现雍容华贵、富丽堂皇的感觉。欧式灯具从材质上分为树脂、纯铜锻打铁艺和纯水晶。其中树脂灯造型很多，可有多种花纹，贴上金箔和银箔显得颜色亮丽色泽鲜艳；纯铜、锻打铁艺等造型相对简单但更显质感。

图 2-15　欧式灯具

古典欧式灯具（图 2-16）造型有盾牌式壁灯、蜡烛台式吊灯、带帽式吊灯等几种基本典型款式。在材料上选择比较考究的焊锡、铁艺、布艺等，色彩沉稳，追求隽永的高贵感。

图 2-16　古典欧式灯具

新古典欧式灯具（图 2-17）外形简洁，摒弃古典欧式灯繁复的特点，回归古朴色调，增加了浅色调，以适应消费者，尤其是中国人的审美情趣，其继承了古典欧式灯的雍容华贵、豪华大方的特点，又有简约明快的新特征。

图 2-17　新古典欧式灯具

2.5.1 欧式花纹

1. 大马士革纹

大马士革图案（图 2-18）是由中国格子布、花纹布通过古丝绸之路传入大马士革城，而后在西方宗教艺术的影响下得到了更加繁复、高贵和优雅的演化。纹样的主要设计元素来源于一种叫作莨苕的地中海植物，叶子宽大，叶边带刺，象征智慧、艺术和永恒。设计手法以主花头为轴心的轴对称图形，四方连续作图、均衡对称、庄重华贵，是欧式最具代表性的花纹。

图 2-18 大马士革纹

2. 佩斯利纹

佩斯利（图 2-19）是一种由点和曲线组成的华丽纹样，状若水滴，“水滴”内部和外部都有精致细腻的装饰细节。佩斯利纹样起源于古巴比伦，兴盛于波斯和印度，形似印度教里的“生命之树”菩提树叶或海枣树叶，外形细腻、繁复华美，具有古典主义气息，较多地运用于欧式风格设计中。

图 2-19 佩斯利纹

3. 卷草纹

卷草纹（图 2-20）是一种在整个世界都比较流行的纹样，当然由于各国文化的不同，卷草纹所代表的文化寓意也不一样。西方学者认为古希腊和罗马是卷草纹样的发展中心，由古希腊的纸莎卷草纹样到美索不达米亚的棕榈卷须饰、阿拉伯的藤蔓花纹，逐渐形成了西方的卷草纹样式。

图 2-20　卷草纹

4. 法式朱伊纹

朱伊图案（图 2-21）是法国传统印花布图案，源于 18 世纪晚期法国小镇朱伊，其纹样是以人物、动物、植物、器物等构成的田园风光、劳动场景、神话传说、人物事件等连续循环图案。风靡了整个皇室和宫廷内外，并发展成法式风格的代表。

图 2-21　朱伊纹

2.5.2　欧式窗帘

巴洛克风格：风格上大方、庄重，有海洋的气势、闪耀珍珠般的光芒，窗帘的色彩浓郁是这个风格的最重要特点，这种风格的窗帘往往与室内的陈设互相呼应，纯色丝光窗帘与白色墙面和金色雕花是最佳搭档（图 2-22）。

路易十四风格：路易十四风格的窗帘同样讲究宏伟、华丽、庄重的风格。浓烈的红色、绿色、紫色配以有繁复的雕刻、镀金材料的金色窗帘箱，可做出比较正统的路易风格，整个室内空间采用同色系装饰会使得空间显得色彩饱满。

洛可可风格：洛可可风格窗帘更多体现女性的柔美感觉，幔帘的设计更富有变化，多采用明快、柔和、清淡却豪华富丽色彩的面料制作。

简欧风格：简欧风格窗帘可能是目前最受欢迎的设计风格，摒弃古典欧式窗帘的繁复构造，甚至已经不再有幔帘装饰，而采用罗马杆支撑，多层次布帘设计还是保留了欧式风格的华贵质感。

图 2-22　欧式窗帘

2.5.3 欧式地毯

多以大马士革纹、佩斯利纹、欧式卷叶、动物、建筑、风景等图案构成立体感强、线条流畅、节奏轻快、质地淳厚的画面，非常适合与西式家具相配套，能打造西式家庭独特的温馨意境和不凡效果（图 2-23）。

图 2-23 欧式地毯

2.5.4 欧式床品

欧式风格的床品多采用大马士革、佩斯利图案，风格上大方、庄严、稳重，做工精致。这种风格的床品色彩与窗帘和墙面色彩应高度统一或互补。而欧式风格中的意大利风格床品则采用非常纯粹色彩的艺术化的图案构成。设计师会像在画布上作画一般，随意地在床套上创作图案，还有品牌梵高、莫奈等艺术大师的油画名作印成床品，也能达到非常特殊的艺术效果（图 2-24）。

图 2-24　欧式床品

窗帘是欧式风格布艺的主角，在欧洲，窗帘在 18 世纪前很少用，到了新古典时期才变得普遍。今天欧式窗帘基本采用开合帘和帷幔的形式，用料应有尽有，窗饰的形式十分丰富，一般有檐口、帷幔、垂花式、流苏边、蕾丝边等。用来承托开合帘的罗马杆也成为装饰的一部分，罗马杆因其轨道头喜欢借用古罗马建筑装饰而得名，轨道头的样式应与主要家具的风格一致，颜色则要与墙面、地面和窗帘的颜色相衬。欧式窗帘为了体现其华贵的特性，一般使用垂感好、厚实的布料，各种绒面料、高支高密的色织提花面料或印花面料。此外，厚厚的床垫、蓬松的被子，欧式风格的床上用品总是给人舒适的感觉，看上去就让人有一种要躺在上面的冲动。被子通常要大到能盖住床的两边，枕头要多层摆放，增加舒适和豪华的感觉。欧式风格的枕头多饰以各种形式的装饰，只有精致细腻的面料才能衬托出古典抱枕的高贵感，天鹅绒、真丝、羊绒这些贵重的面料都是很好的选择（图 2-25）。

图 2-25　欧式织物

2.6 装饰要素

2.6.1 饰品

欧式饰品充满贵族气息，优雅和华美是最突出的特色。在欧式饰品的选配中要注意室内空间的整体风格，饰品要与整个室内空间相融合，另外要注重对称平衡合理放置，饰品色彩在与整个室内空间协调统一的同时要有适度的对比（图 2-26）。

1. 客厅饰品

欧式风格客厅在选择饰品时，要选择符合硬装和家具主基调，软装更加偏好那些来自古希腊古罗马的工艺趣味，雕塑和古典样式的花瓶、动物毛皮、古罗马卷草纹样的饰品，都可以将浪漫的古典情怀与现代人的精神需求相结合。

2. 卧室饰品

欧式风格卧室在选择饰品时，要求保留饰品的材质所彰显出来的历史痕迹与文化底蕴，充满动感的天使雕塑、花枝烛台和各式各样的镜子都能显示出洛可可风格，此外，烛台造型演变而来的灯具和加以水晶点缀的饰品都能凸显欧式风格的华丽之感。

3. 书房饰品

欧式风格书房选择饰品时，要求具备古典和现代双重审美效果，精美的工艺玻璃、模仿壁烛台的壁灯都能提升欧式风格的古典倾向，以造型大气、纹饰节制典雅的艺术品更为适宜，让家居空间展现出一种更加精致和丰富的古典情怀。

4. 厨房饰品

整体用色较为单一，搭配编织的杯垫、透明的玻璃罐子、金色边线的水果盘，精致的生活展露无遗。而简欧风格的厨房饰品在细节的打造上要花很多功夫，给人一种温馨、精致、舒适的感觉，以白色和原木色为首选，尽量营造和谐温暖的整体感觉。

5. 卫浴饰品

欧式风格就像一个大舞台，容纳了多种元素在其中，卫浴空间饰品的挑选上亦是如此，银色、金色饰面的摆件可以适当运用在其中，镜面效果在欧式风格中尤为重要。镜子的映射作用一方面扩大了室内的空间感，使装饰趋向于统一和谐，另一方面，镜子闪烁的反射光和金色的边框增强了欧式风格装饰的闪耀之感。

图 2-26　欧式饰品

2.6.2 画品

1. 绘画品种

作为欧洲最主要的画种油画，最能体现欧式风格装饰画的神韵。古典油画的题材包括宗教、神话、历史、肖像、风俗、风景和静物等。宗教题材的绘画通常以讲述《圣经》故事和表达对神圣人物，一般来说只适合涉及宗教信仰的家庭或场所。神话和历史题材则更适合普罗大众，描绘的场面往往恢宏无比，在新古典主义时期，历史题材绘画获得极高的赞誉，特别适用于作为大空间的软装饰。肖像画、风俗画、风景画和静物画其画面灵活多变，尺寸多样，更能体现客户的个性化品位，是软装中运用最广的题材。

2. 风格选配

纯欧式风格适合西方古典油画，欧式别墅等高档住宅可以考虑选择一些肖像油画（图 2-27），简欧风格可选择一些印象派油画（图 2-28），欧式田园风格则可配花卉题材的油画（图 2-29）。

图 2-27　弗拉戈纳尔油画作品

图 2-28　莫奈油画作品

图 2-29　梵高《向日葵》

3. 装裱方式

油画的装裱主要有无框和有框两种方式，两种方式的装裱要根据画的内容和技法确定，一般简约风格的画以采用无框形式为主，而古典风格的画作一般采用有框形式。在欧式风格中，装饰画的运用非常灵活，它们通常需要一个或庄重或金碧辉煌的画框（图 2-30）。

图 2-30　油画框

艺术名家——莫奈

克劳德·莫奈（Claude Monet），法国画家，被誉为“印象派领导者”，是早期印象主义的创始人之一。作品《干草堆》（图 2-31）于 2019 年在纽约以破纪录的 1.107 亿美元高价拍出，是莫奈作品拍卖价格的最高纪录，也是印象派画作拍卖最高纪录。

印象派的代表作品是莫奈的《睡莲》Waterlilies（Nymphéas），詹·路易斯·瓦多伊曾评论过说“《睡莲》这组画中洋溢着内在的美，它形神兼备，是一曲春天的赞歌”。莫奈在创作《睡莲》组画时已是暮年，体力衰弱，视力衰退，但即便如此，他仍以极大的毅力绘制这组规模宏大的室内装饰嵌板画，耗费了巨大心力，前后历时 12 年之久。有人说莫奈是在描绘池塘的睡莲，不如说他是在展现自然，展现他心中的那份独特的光与影。在《睡莲》这组作品中，向世人展示的不仅是莫奈对于光影和色彩登峰造极的运用及表现，更是展现了印象派对于艺术追求的热情和执着。

莫奈将毕生精力献给了对西方画界产生了重要影响的印象主义，为西方现代绘画作出了重要贡献，给后人留下了宝贵的艺术财富。莫奈对后世绘画的影响之所以如此之大，在于莫奈将高超的技法与绘画理念完美融合并融会贯通，在敢于突破传统的同时也继承和发展了传统，他打破了贵族官方艺术，冲破了传统画派的束缚，开启了现代绘画的先河。然而，莫奈的艺术成就不仅仅是其个人的艺术成就，更是印象派乃至整个艺术发展史的成就。他留给我们的不单单是一张张传世名画，更是一种对于艺术不懈追求的精神；他那种对于艺术坚定而执着的信念值得我们敬佩与学习，他的工匠精神、创新精神和不朽的作品永远被后人景仰。

图 2-31　莫奈　《干草堆》

2.6.3　花品

欧式风格注重花品外形和色彩渲染，造型饱满能彰显出花繁叶茂、雍容华贵之态，构图多为对称式、齐头式，色彩艳丽浓厚，花品种类多、用量大，表现出热情奔放的风格。也可保留巴洛克和洛可可的古典风格，采用大气、高雅的色系花草搭配晶莹剔透的漂亮花器（图 2–32）。

西方风格的插花重点：

（1）用花数量大，有繁盛之感，一般以草本花卉为主，如香石竹、扶郎花、百合、月季、马蹄莲等。

（2）形式注重几何构图，比较讲究对称型的插法，有雍容华贵之态。常见形式有半球形、椭圆形、金字塔形和扇面形等大堆头形状，也有将花插成高低不一的变形插法。

（3）力求采用浓重艳丽的色彩营造出热烈、豪华、富贵的气氛。较多采用一件作品几个颜色、多种花色相配的方法。每个颜色组合在一起，形成多个彩色块面，因此有人称其为色块的插花；或者，将各色花混插在一起，创造五彩缤纷的效果。

图 2–32　欧式花品

项目范例展示

图 2-33　空间色彩搭配示意图

图 2-34　客厅软装配置效果图

欧式：更多优秀习作

欧式风格软装案例赏析

新古典混搭 御融设计软装作品

素材来源：全球软装公众号

项目介绍：新古典具备了古典与现代的双重审美效果，几本书，一壶茶，便可慵懒地在沙发里独自消磨午后时光。设计师从细节到整体的微妙处理，为空间带来无限的灵性与贵气。

古今中外经历了悠长的历史，现在这个时代，崇尚的不再是单纯的某种风格，各种文化的交流融合和碰撞，让美有了更多的可能。

步入高挑明亮的客厅，如瀑倾泻而下的华丽窗帘，繁复精致的黄铜水晶吊灯和经典欧式墙壁镶边，空间中的优雅线条宛若水面波纹交错的柔性与动态，显出引人驻足的奢华布局手法。而置身其中的典雅大气的家具，则更凸显空间的新古典韵味。

蓝色系窗帘优雅曼妙的线条刚好彰显了柔美的垂坠质感，冷暖两色的对比，力度均衡，这种低调仍不失贵气的搭配方式，利落而大方，经典且耐看，给人带来雅致稳重的感受。

经典的巴洛克风格丝绒餐椅与缀满精致细节的长形餐桌相对排布，搭配复古造型的枝形水晶吊灯，传达传统贵族的奢华庄重之感。

深棕色的木饰面为空间勾勒出清晰的轮廓，沙龙区的家具虽借鉴古典轮廓，造型却摩登简约，组合成一个将古典美与现代时尚融会贯通的私密空间。

茶几旁一把引人注目的单人沙发，用克制而又浓烈的蓝与金来向绅士精神致敬，海军蓝色缓缓释放低奢的尊贵之感，与天鹅绒安静绽放的优雅气质不谋而合，又与客厅的主色调遥相呼应。

位于一层的两套长辈房家具造型雅致大方，整体装饰采用优雅平静的色调，突出放松、惬意、闲适的氛围。

二层主卧是主人最私密的居家空间，色彩上运用清新的绿色、富有质感的高级灰色加以少量白色柔和，营造出一派素雅高贵之韵，主人的亲和恬静之态皆汇聚于此。

一片蓝、一抹白，与一笔灰褐色的加入，构成了男孩房的主旋律。海洋般深深浅浅的蓝色搭配米灰色与纯白色调的家居内饰，清新整洁的视感体验打造出简雅大方的格调，凸显小主人个性中的温文儒雅。

学习情境3 现代风格软装项目

现代风格起源于20世纪初期的包豪斯学院（图3-1），并伴随着工业革命和科技进步而成长。无论是提出“居住机器”观点的柯布西耶，还是认为“功能决定形式”的沙利文，在经过1913年的俄国构成主义、1917年的荷兰风格派、1919年的德国包豪斯学院，这样的要求简单装饰的设计意图一旦确定，现代主义便诞生了，并逐渐演变成一种国际性的风格。

图3-1　包豪斯学院

◎课前任务

1. 观看微课，感受现代风格；
2. 收集素材，谈谈你对现代风格的理解和感受；
3. 完成《学习任务活页》——设计笔记。

微课：现代风格

人文艺术小知识——包豪斯

包豪斯（Bauhaus）（图 3-2）是 1919 年成立于德国魏玛的一所艺术设计类大学，是世界现代设计的发源地。包豪斯的诞生宣告着设计最高的理念不在装饰而在功能，是功能和形式的统一、艺术与技术的统一，倡导设计的目的是人而不是产品，设计必须遵循自然与客观的法则来进行。这些观点对于工业设计的发展起到了积极的作用，使现代设计逐步由理想主义走向现实主义，包豪斯风格也成了现代主义风格的代名词。虽然包豪斯的存在只有短短的 14 年，但在当时它是乌托邦思想和精神的中心，留下了宝贵的遗产和经验。

包豪斯固然重要，但当代设计仅有包豪斯那还远远不够。一百年前的包豪斯已经无法解决当下文化产业、大数据、人工智能时代的现实问题。今天的青年一代应该思考如何来继承和发展包豪斯，那就是发扬自身主体性，走出一条自主性发展的继承创新之路；要回到历史探索规律、寻找经验，以历史的智慧来应对未来的变化。用永远不过时的包豪斯精神来发展我们今天这个时代的艺术设计，实现当代设计的传承与创新。

图 3-2 包豪斯和现代风格

学习情境描述

项目概况： 本案位于武汉融创壹号院，建筑面积为 135 m^2，室内设计效果如图 3-3、图 3-4 所示。

硬装设计： 李杨，独立全案设计师。

项目分析： 本项目硬装设计师将基本的格调定位为现代风格，主色调选择灰色系。软装的诉求是简约、优雅、时尚。

图 3-3　客餐厅效果图

图 3-4　休闲区域效果图

学习目标

1. 了解项目资料、识读施工图纸；
2. 了解软装设计的基本流程与方法；
3. 掌握软装效果图技法；
4. 掌握现代风格的软装特点和设计要素。

任务书

对项目的平面布置图（图 3-5）进行识图、审图，划分重点空间区域，做软装设计规划；对项目的全景效果图进行扫码观看，感知硬装特点并记录关键词，做软装设计准备。

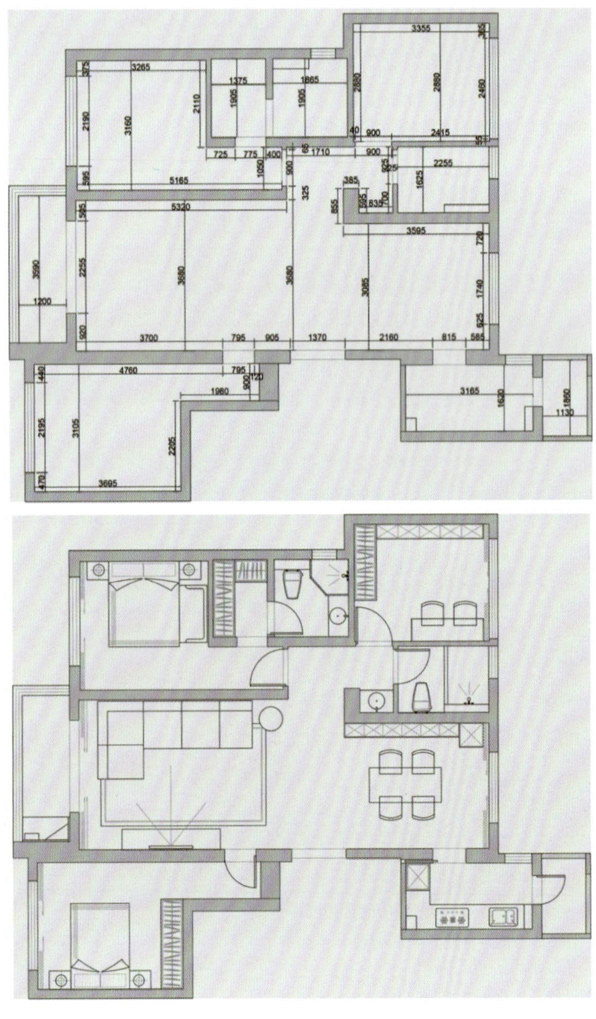

图 3-5　平面布置图

3.1 风格认知

3.1.1 现代简约风格

现代主义的探索是基于这样的伟大梦想：即脱离浮躁的装饰，让简单而有力的形式帮助人们去发现最本质的美，继而寻找什么才是社会和自己最终需要的。现代主义便是用这样的方式来分享 20 世纪最有价值的观念——民主精神。

早在 19 世纪 90 年代，少数人已经厌烦了古典主义繁复的装饰，要求一些简单的或直线的装饰形式。20 世纪 60 年代，意大利的设计师创造了许多多彩的、可以灵活组合的家具，从此灵活和欢乐便开始融入现代设计之中。20 世纪 70 和 80 年代，现代主义对科技的信心使室内设计中的机器文化得以强化，冷静的线条和金属的灰色带来工业美感，连伊姆斯（图 3-6）这样的有机主义者都把自己的家设计得像一个办公室。20 世纪 90 年代到现在，后现代主义因为昂贵的造价和无法持久的形式而没有壮大，许多设计师回归到今天的现代主义风格。但是其意义是非凡的，人们再也不愿意用单一的眼光去看待现代主义，前人的探索给我们留下了一堆多元化的设计语。

伊姆斯的家兼容并蓄多种风格，巧妙地运用了光、影和建筑结构的相互呼应打造了一个通透的空间，并完美地结合了周边环境、文化性和主人的居住习惯。

图 3-6　伊姆斯的住宅

现代简约风格起源于现代派的极简主义，力求创造出顺应工业时代精神、独具新意的简化装饰。强调“少即是多”并舍弃不必要的装饰元素，以简洁的表现形式来满足人们对空间环境的需求，追求时尚和现代的简约造型、愉悦色彩，达到以少胜多、以简胜繁的装饰效果（图 3-7）。

1. 室内硬装特点

室内硬装在选材上不局限于石材、木材、面砖等天然材料，而是将选择范围扩大到金属、涂料、玻璃、塑料等新材质，并夸大材料之间的结构关系；造型以抽象的轮廓和崭新的效果形式来展现；极简的直线或曲线的运用几乎没有任何装饰性雕刻或点缀。

2. 室内软装元素

极简但舒适实用的家具；简单线条的皮质或布艺沙发；灯具、家电和照片等新型装饰及功能元素的运用。

图 3-7　现代简约风格

3.1.2 后现代风格

后现代风格室内设计是对现代风格室内设计中纯理性主义倾向的批判，强调室内装潢应具有历史的延续性，但又不拘泥于传统的表现形式。

后现代主义一词最早出现在西班牙作家德·奥尼斯1934年的《西班牙与西班牙语类诗选》一书中，用来描述现代主义内部发生的逆动，特别有一种现代主义纯理性的逆反心理，即为后现代风格。

后现代主义风格是一种在形式上对现代主义进行修正的设计思潮与理念，强调采用装饰手法来达到视觉上的丰富，提倡满足心理需求而不仅仅是单调的功能主义中心，将人们从简单、机械的枯燥生活中解救出来，重新回到真实的生活中。并主张新旧融合、兼容并蓄的折中主义立场，对历史风格采取混合、拼接、分离、简化、变形、解构，综合等方法，运用新材料、新的施工方式和结构构造方法来创造，从而形成一种新的形式语言与设计理念（图3-8）。

金属的框架配以玻璃的外墙，卢浮宫金字塔的设计可以归为后现代主义，是一个充满争议的对历史的现代版诠释。

图3-8 卢浮宫

1. 室内硬装特点

一方面，常在室内设置夸张、变形的柱式和断裂的拱券，把古典构件以抽象形式的新手法组合在一起，以期创造一种融感性与理性、集传统与现代、糅大众与行家于一体的“亦此亦彼”的室内环境；另一方面，光、影和构件构成的通透性空间，成了装饰的重要手段，把追求个性的空间形式和结构特点表现得淋漓尽致（图 3-9）。

2. 室内软装元素

后现代风格的装饰性为多种风格的融合提供了一个多样化的环境，使不同的风貌并存。多使用工业性较强的材质，以及强调科技感和未来空间感的元素，可以选用传统的木质和皮质，也可以更多地选用铝、碳纤维、工程塑料、高密度玻璃等现代工业生产的新材质。强调功能和自动化，多选用构件节点精致或抽象艺术风格的产品。

Philip Johnson，美国建筑界的“教父”，玻璃屋住宅是他为自己设计的私人住宅，一年四季春夏秋冬美轮美奂的大自然景色，在四面玻璃围绕的屋中一览无余。室内选择的家具都是经典极简的设计师家具，不会被时间长河淘汰的经典款式，是后现代建筑与室内设计的代表作。

图 3-9 玻璃屋住宅

3.2 色彩解读

现代风格对色彩的包容性在各种风格中是最大的，尽管人们常用的是黑、白、灰色系和木色系，但在北欧风格和后现代主义的影响下，色彩丰富的现代风格也开始出现了。不过现代风格的用色有自己的特点，一般来说，室内不会超过 3 个主色调，复杂的花纹或者颜色必须控制在很小的范围内。极简主义则严格地运用极少的颜色，一般是白色、米黄和灰色，在此基础上加一到两个大胆的颜色作为点缀（图 3-10）。

图 3-10　现代风格色彩运用

3.2.1　现代简约风格配色要点

简约风格在色彩选择上比较广泛，只要遵循以清爽为原则，颜色和图案与居室本身以及居住者的情况相呼应即可。黑白灰色调在现代简约的设计风格中被作为主要色调广泛运用，让室内空间不会显得狭小，反而有一种鲜明且富有个性的感觉。此外，现代简约风格也可以使用苹果绿、深蓝、大红、纯黄等高纯度色彩，起到跳跃眼球的作用（图 3-11）。

3.2.2　后现代风格配色要点

后现代风格的色彩运用大胆而创新，追求强烈的反差效果，或浓重艳丽或黑白对比。如果空间运用黑灰等较暗沉的色系，那最好搭配白、红、黄等相对较亮的色彩，且一定要注意搭配比例，亮色只是作为点缀提亮整个居室空间，不宜过多或过于张扬，否则将会适得其反（图 3-12）。

图 3-11　现代简约风格配色

图 3-12　后现代风格配色

3.3 家具类型

现代风格的家具线条简单，一般直线居多曲线较少，造型简洁强调功能，富含设计感或哲学意味。在材质方面会大量使用钢化玻璃，不锈钢等新型材料作为辅料，这也是现代风格家具的装饰手法。在建筑主体玻璃、钢材和混凝土的映衬下，几何结构、线条清晰的家具成为室内的主角，在没有那么多装饰的室内，一件家具往往决定了装饰的成败，特别是用很少的家具和装饰品的极简风格。另外，现代家具由于基于同样理念的、简单的形式具有很大的兼容性，镀铬钢管、藤、皮革、塑料、玻璃等材料都能赋予现代风格家具丰富的表情。

3.3.1 现代亚洲家具

现代亚洲家具（图 3–13）将崇尚极简的日式、风情万种的东南亚、雍容而内敛的中式有机结合起来，集亚洲传统与现代文化之大成。其家具中可寻觅到日式榻榻米似的简约舒适，可寻觅到东南亚式轻纱曼舞的柔美，亦可发掘出中式稳重、大方的浩然。总的来说，现代亚洲风格，代表了一种混搭风格，以浓郁的亚洲区域文化为支撑，日式造型极简、东南亚色彩浓郁、中式雍容而内敛，古典与时尚兼具、艺术与实用完美并存，根据人体力学和家具功能学，充分挖掘人类对居家环境的身心需求。

图 3–13　现代亚洲家具

3.3.2 现代意大利家具

从 20 世纪 60 年代开始，塑料和先进的成型技术使意大利家具设计创造出了一种更富有个性和表现力的风格（图 3-14）。大量的塑料家具、灯具及其他消费品以其轻巧、透明和艳丽的色彩展示了新的风格，完全打破了传统材料所体现的设计特点和与其相联系的永恒价值。

图 3-14 现代意大利家具

3.3.3 后现代风格家具

后现代风格的家具（图 3-15）主要通过非传统的混合、叠加、错位、裂变等手法及象征、隐喻等手段，突破传统家具的烦琐和现代家具的单一局限，将现代与古典、抽象与细致、简单与烦琐等巧妙融于一体。

图 3-15　后现代风格家具

灯具选配 3.4

现代风格灯具（图 3-16）设计以时尚、简约为概念，多采用现代感十足的金属材质，线条纤细硬朗，颜色以白色、黑色、金属色居多。简约时尚、追求个性的现代灯具，总结起来主要有以下几个特点：风格上充满时尚和高雅的气息，返璞归真，崇尚自然；色彩上以白色、金属色居多，有时也色彩斑斓，总体色调温馨典雅；材质上注重节能，经济实用，一般采用具有设计上在外观和造型上以另类的表现手法为金属质感的铁材、铝材、皮质、另类玻璃等；设计上在外观和造型上以另类的表现手法为主，多种组合形式，功能齐全。

图 3-16　现代风格灯具 1

随着科技的发展，现代照明技术不断进步，新材料、新工艺、新科技被广泛运用到现代灯具的开发中来，极大地丰富了现代灯具、灯饰对照明环境的表现与美化手段，从而创作出富有时代感和想象力的新款灯具（图 3-17）。人们还通过对各种照明原理及其使用环境的深入研究，突破以往单纯照明，亮化环境的传统理念，使现代具更加注重装饰性和美学效果。

图 3-17　现代风格灯具 2

织物特点 3.5

3.5.1 现代风格纹样

1. 条纹

永恒经典的条纹图案（图 3-18）是现代简约风格家居中经常出现的并有改变视觉空间感的装饰图案。一般来说，横条纹图案可以扩展空间的横向延伸感，从视觉上增大室内空间的高度感。

图 3-18　条纹

2. Art Deco 装饰艺术风格

有对称的构图、水平与垂直的线条、浮雕、圆弧造型及经典的材质等。既具有高贵与古典的气质，又有大胆的几何形状，同时还运用重复、渐变、发射等现代构成手法。强调图案的强化作用，创造出华丽、复杂的装饰图案，常用在地毯、天花及装饰品中（图 3-19）。

图 3-19 Art Deco 装饰艺术风格

3. 波谱艺术风格

波谱风格表现的核心就是图形和图案（图 3-20、图 3-21），通过塑造夸张的、视觉感强的、比现实生活更典型的形象，追求新颖、怪异，使用大量色泽鲜艳、造型感强的波谱元素，充分展现出前卫、时尚的个性。

图 3-20 安迪·霍沃尔《罐头》

波谱艺术（Pop Art），大众视觉图像的拼贴组合，表现出“复制”现象，具有商业感，色调明朗，表现情绪肯定、明确、不模糊。安迪 霍沃尔被视为波谱艺术最杰出的代表人物和最具有革命性的艺术家，开拓促进了现代艺术的多元化和互融性发展。

图 3-21　安迪·霍沃尔《玛丽莲·梦露》

3.5.2 现代风格窗帘

现代风格窗帘线条造型简洁，多使用纯棉、麻、丝等材质，色彩方面以纯粹的黑、白、灰和原色为主，也可以比较跳跃，或采用条纹图案或以各种抽象艺术图案为题材（图 3–22）。

图 3–22 现代风格窗帘

3.5.3 现代风格床品

现代风格床品造型简洁，色彩方面以纯粹的黑、白、灰和原色为主，不再过多地强调传统欧式或者中式床品的复杂工艺和图案设计，有的只是一种简单的回归。不宜选择花纹过重或是颜色过纯的布艺，通常比较适合的是一些浅色并且具有简单大方的图形和线条作为修饰的类型，这样显得更有线条感（图 3-23）。

图 3-23　现代风格床品

3.5.4 现代风格地毯

多采用几何、花卉风景等图案，具有较好的抽象效果和居住氛围，在深浅对比和色彩对比上与现代家具有机结合（图 3–24）。

图 3–24　现代风格地毯

现代风格织物多为天然纤维、亚麻、纯棉等材料，这符合当代将自然元素和简洁结合起来的审美情趣。没有各种绣花或花哨的花纹，而是单纯的色彩或抽象的图案，或者通过面积的大小进行对比。地毯能帮助划分空间，增加室内温暖的感觉，另外可以增加一些织物来缓和现代风格带来的冷漠感，人造皮草抱枕、天鹅绒、丝质的褶皱窗帘能和其他质感形成有趣的对比。

知识准备

3.6 装饰要素

3.6.1 饰品

现代风格的装饰品造型简练且朴素大方，造型、色彩及材质丰富，不拘一格，线条简单，设计独特而极富创意。陶瓷的色彩越发纯粹，玻璃器皿越发强调有机形态，塑料成为这个队伍最强大的材料，通过这种材料设计师能随心所欲地塑造装饰品的形状和色彩。软装饰品数量不宜太多，摆件则多采用金属、玻璃或者瓷器材质为主的现代风格工艺品，突出时尚新奇的设计，色彩明快，现代感强。抽象人脸摆件、人物雕塑、简单的书籍组合、镜面的金属饰品是现代风格中最常见的软装工艺品摆件（图 3-25、图 3-26）。

图 3-25　现代风格饰品

1. 客厅饰品

现代风格的客厅在选配饰品时要遵循简约而不简单的原则，尤其要注重细节，饰品数量不求多但求精。现代风格的客厅家具多以冷色或者具有个性的颜色为主，饰品通常选用金属、玻璃等材质，花艺花器尽量以单一色系或简洁线条为主。

2. 卧室饰品

现代风格的卧室在选配饰品时一定要宁缺毋滥，黑白灰是现代简约风格里面常用的色调，无论采用哪种主色彩都不得掺杂多余色彩。另外要注重收纳性，除必要外露的装饰品外，能简化和收纳的一定不要过多地展现出来。

3. 书房饰品

现代风格书房的饰品往往选择简洁、实用的物品，力求少而精。不同材质、同样色系的艺术品在组合陈列上进行有机搭配，在不同位置运用灯光的光影效果，会产生一种富有时代感的意境美。

4. 卫浴饰品

这个风格的装修用材比较单一，且较少出现彩色，所以在卫浴空间饰品的选择上可以采用些有自然质地色彩的摆件，以达到点睛的效果。

图 3-26 现代风格饰品

3.6.2 画品

现代装饰画因制作手法、材质、风格和表现形式多样而品种繁多，具有极强的装饰性，在现代风格的室内空间中得到广泛应用。在新材料、新技术、新创意的驱使下，现代艺术家们几乎可以利用所有物品和元素去创作装饰画。现代风格家居可以选择抽象图案或者几何图案的挂画，装饰画的颜色和房间的主体颜色相同或接近较好，颜色不能太复杂，也可以根据自己的喜好选择搭配黑白灰系列且线条流畅具有空间感的平面画（图 3-27）。

现代装饰画按照艺术门类大致可以分为以下三类：

（1）印刷品装饰画，画作使用面非常广，成本低廉，可以表现任何题材的绘画、摄影或其他门类的视觉艺术作品，多被用于公共环境中，画作的价值不高。

（2）实物装饰画，是用综合材料通过手工制作而成的装饰画，金属、玉器、瓷器、玻璃、布料以及干枯树枝等都可以作为主角进行装裱，成品画富有很强的立体感和较好的装饰性。

（3）手绘装饰画，艺术家的原创绘画作品，常用变形、夸张、抽象等手法，使得作品具有浓郁的装饰风格。

现代风格空间的装饰画尽量选择单一的色调，可与抱枕、地毯和小摆件等进行呼应。此外现代时尚风格空间也可以运用视觉反差的方法选择装饰画，例如在黑白灰的格调中采用明黄色、绿色等跳色的抽象画提亮空间。

图 3-27 现代装饰画

巴勃罗·毕加索（Pablo Picasso），西班牙画家、雕塑家，立体主义画派创始人，现代艺术之父。全世界前10名最高拍卖价的画作里面，毕加索的作品就占据四幅，是当代西方最有创造性和影响最深远的艺术家，是20世纪最伟大的艺术天才之一。

毕加索以立体主义的独特表现形式创作了《格尔尼卡》（图3-28），这件史诗般作品的诞生，使毕加索的声誉达到了顶峰。《格尔尼卡》以立体主义表现的方式，刻画出在战争环境下人们愤怒和抗争的心理状态，这幅用半写实的象征性手法和单纯的黑白灰三色组成的画面，给人以深沉的艺术震撼力，并展示出毕加索新颖的立体主义创作特征。毕加索丰富的想象力、创造力，他的冒险和探索精神，给西方20世纪现代艺术以很大的推动。

毕加索的作品风格丰富多样，后人用“毕加索永远是年轻的”说法形容毕加索多变的艺术形式，他一生都没有间断对新艺术的尝试。毕加索也是位多产画家，据统计，他的作品总计近37000件，包括：油画1885幅，素描7089幅，版画20000幅，平版画6121幅。毕加索的一生辉煌之至，是国际公认的艺术大师，他一生的创作几乎反映和见证了西方现代艺术发展的重要历程，对世界艺术的推动也产生了极为重大的作用和影响。然而他的才能在于，他的各种变异风格中，都能保持自己粗犷刚劲的个性，并且在各种手法的使用中，都能达到内部的统一与和谐。作为艺术家，他不断突破自我，不断创新作品，我们应该学习前辈的工匠精神、探索精神和创新精神，续写属于我们自己精彩的艺术人生。

图3-28　毕加索《格尔尼卡》

3.6.3 花品

现代风格家居大多选择简约线条、装饰柔美、雅致或苍劲有节奏感的花艺。线条简单呈几何图形的花器是花艺设计造型的首选。色彩以单一色系为主，可高明度、高彩度，但不能太夸张，银、白、灰都是不错的色彩选择（图 3-29）。

图 3-29 现代风格花品

项目范例展示

图 3-30　空间色彩搭配示意图

图 3-31　客厅软装配置效果图

现代：更多优秀习作

现代风格软装案例赏析

极简空间　Angelica Chernenko 作品

素材来源：米兰设计之旅（ID：Milano04）

项目地址：乌克兰普里卢基

项目介绍：位于乌克兰普里卢基一处极简舒适住宅，设计师以一贯的极简风格，清晰的线条构建了空间的轮廓，丰富的纹理营造了空间的质感，塑造了宁静舒适的居住空间。

客厅电视背景采用装修线条，极简的灰白空间与温暖舒适的自然木饰面搭配，相对于石膏、壁纸、硅藻泥……木饰面上墙，更具视觉冲击力，天然纹路更有质感，喜爱木元素的人，无法抵抗这种魔力。

厨房与餐厅融为一体，这种设计动线流畅，空间少了隔墙隔断，也会显得更加开阔明亮！餐厅的餐桌选择合适的尺寸，不占用过多的空间，预留更多的通行空间。

设计师采用低调简约黑白色搭配，彼此相互交融，灰色的水磨石地板，被动式的漂亮和美观，更直接冲击着我们的视觉神经。

由于采光条件良好，空间上也更宽敞明亮。设计师利用阳台打造了一个休闲的空间和工作室，空间得到了充分利用。

极简主义更多地指向一种生活态度和价值观念，这是一种生活方式，就如这间卧室一般，灰白的墙面在木色家具的衬托下反而显出一种设计感在其中，墙面的留白设计让这间卧室在极简中显得更具有设计感。

独特的设计于每一个细节都体现出居住者的审美情趣和文化品位。

卫生间大面积采用灰色，结合纹理的石材，很有肌理感，干湿分离，整个卫生间显得格外惬意，让人感觉十分的舒服。

设计师感悟：

简约安静才是生活的真谛！即使在有限的空间里也允许审美灵活性，让人感受明亮、温馨、细腻的空间情绪，以真诚和灵活的态度为空间使用者带来积极的变化，使人们的生活更有价值。

参考书目

[1] 李江军 . 室内软装全案设计 [M]. 北京：中国电力出版社，2018.
[2] 严建中 . 软装设计教程 [M]. 南京：江苏人民出版社，2013.
[3] 凤凰空间 . 华南事业部 . 软装设计风格速查 [M]. 南京：江苏人民出版社，2012.
[4] 王绍仪，李继东 . 成就软装大师：进入软装世界的必读宝典 [M]. 广州：广东科技出版社，2013.
[5] 王东，唐太鲜 . 室内软装设计实训手册 [M]. 北京：人民邮电出版社，2019.
[6] 潘吾华 . 室内陈设艺术设计 [M]. 北京：中国建筑工业出版社，2013.
[7] 乔国玲 . 室内陈设艺术设计 [M]. 上海：上海人民美术出版社，2011.
[8] 王天扬 . 室内陈设艺术设计 [M]. 武汉：武汉理工大学出版社，2010.
[9] 金国胜 . 室内陈设艺术设计教程 [M]. 杭州：浙江人民美术出版社，2011.
[10] 龚一红 . 室内陈设设计 [M]. 北京：高等教育出版社，2006.
[11] 李旭 . 室内陈设设计 [M]. 合肥：合肥工业大学出版社，2007
[12] 常大伟 . 陈设设计 [M]. 北京：中国青年出版社，2011.

参考文献

[1] 蔡跃 . 职业教育新型活页式教材的内涵、特征及开发要点 . 中国职业技术教育，2021.11.
[2] 崔发强 ."双元开发、成果导向、学生中心、多角融合" 新型活页教材开发探索 . 山东商业职业技术学院学报，2021.04.
[3] 唐嘉 . 校企合作背景下新型活页式、 工作手册式教材开发探析 . 包头职业技术学院学报，2020.12.
[4] 胡珊珊 . 中华传统文化视角下的现代建筑装饰设计探索 . 连云港职业技术学院学报，2020.09.
[5] 李珂劼 . 传统东方元素在现代建筑装饰设计中的应用 . 开封文化艺术职业学院学报，2020.08.
[6] 曹耀文 . 浅谈莫奈绘画的艺术特色 . 西部皮革，2020.
[7] 申茹 . 解析毕加索名作《格尔尼卡》的艺术形式 . 大众文艺，2012.05.

素材用稿

深圳市轶美创艺艺术设计顾问有限公司
海南初舍设计装饰有限公司
武汉万有引力装饰设计工程有限公司
北京中合深美装饰工程设计有限公司
北京安悦宅装饰设计有限公司
弗曦照明设计顾问（上海）有限公司
香港翠荷堂艺术中心有限公司
缤纷 1917 软装设计机构
武汉瓷气堂
室内设计联盟网站
全球软装公众号
InstaDesign 公众号
微故宫公众号

《室内软装设计》

学习任务活页

学习情境 1　项目活动

1.1　项目准备

引导问题 1： 古典中式风格、新中式风格的主要艺术特点分别是什么？又有怎样不同的室内装饰元素？请做关键词描述及典型装饰图样表现。

引导问题 2：古典中式风格、新中式风格的装饰用色分别是什么？请做关键词描述，并根据中式风格的色彩体系做色彩搭配练习。

____

____

____

电子作品可打印粘贴到此处

小提示

色彩搭配练习步骤：①准备能够体现中式色彩的素材 1 张并做色彩分析的取色操作练习；②将提炼出来的色彩进行色彩应用，做配色练习，完成涂色作品两幅。注：要尽可能多地用到①中所提炼出来的色系。

中式风格色彩搭配示例

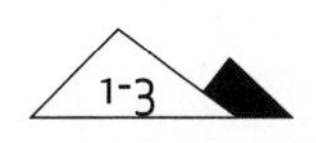

引导问题 3：古典中式风格、新中式风格的家具特点分别是什么？请做关键词描述；并根据全景效果图做家具材料样板，填写家具物料说明书。

家具物料说明书-

<table>
<tr><td colspan="4">家具物料说明书</td></tr>
<tr><td colspan="2">描述</td><td colspan="2">来源 / 制作商</td></tr>
<tr><td>家具名称</td><td></td><td>公司</td><td></td></tr>
<tr><td>数量</td><td></td><td>联系人</td><td></td></tr>
<tr><td>应用位置</td><td></td><td>电话 / 邮箱</td><td></td></tr>
<tr><td colspan="4">家具图片</td></tr>
<tr><td colspan="4"></td></tr>
<tr><td colspan="3">说明</td><td>尺寸 /mm</td></tr>
<tr><td colspan="3" rowspan="3"></td><td>宽度</td></tr>
<tr><td>深度</td></tr>
<tr><td>高度</td></tr>
</table>

引导问题 4：古典中式风格和新中式风格的灯具特征有何不同？中式灯具的材质有哪几种？根据全景效果图制作灯具材料样板，并填写灯具物料说明书。

____

____

____

灯具物料说明书			
描述		来源 / 制作商	
灯具名称		公司	
数量		联系人	
应用位置		电话 / 邮箱	
灯具样板			
说明			

引导问题 5：中式花纹中饕餮纹、龙凤纹、回纹、云纹以及吉祥图案的特点分别是什么？请做关键词描述；并根据全景效果图制作布艺材料样板，填写成布艺物料说明书。

____

____

____

布艺物料说明书			
描述		来源 / 制作商	
布艺名称		公司	
数量		联系人	
应用位置		电话 / 邮箱	
布艺样板			
说明			

引导问题 6：关于中式风格软装要素中饰品、画品、花品的特点分别是什么？请做关键词描述；并根据平面布置图按照室内空间的功能划分（客厅/卧室/餐厅）做中式风格的装饰要素软装搭配（饰品、画品、花品）。

中式风格软装要素

电子作品可打印粘贴到此处

1.2 任务分组

填写表 1-1。

表 1-1 学生任务分配表

<table>
<tr><td>班级</td><td></td><td>组号</td><td></td><td>指导教师</td><td></td></tr>
<tr><td>组长</td><td></td><td>学号</td><td></td><td></td><td></td></tr>
<tr><td rowspan="8">组员</td><td colspan="2">姓名</td><td colspan="3">学号</td></tr>
<tr><td colspan="2"></td><td colspan="3"></td></tr>
<tr><td colspan="2"></td><td colspan="3"></td></tr>
<tr><td colspan="2"></td><td colspan="3"></td></tr>
<tr><td colspan="2"></td><td colspan="3"></td></tr>
<tr><td colspan="2"></td><td colspan="3"></td></tr>
<tr><td colspan="2"></td><td colspan="3"></td></tr>
<tr><td colspan="2"></td><td colspan="3"></td></tr>
<tr><td rowspan="6">任务分工</td><td colspan="5"></td></tr>
<tr><td colspan="5"></td></tr>
<tr><td colspan="5"></td></tr>
<tr><td colspan="5"></td></tr>
<tr><td colspan="5"></td></tr>
<tr><td colspan="5"></td></tr>
<tr><td rowspan="5">备注</td><td colspan="5"></td></tr>
<tr><td colspan="5"></td></tr>
<tr><td colspan="5"></td></tr>
<tr><td colspan="5"></td></tr>
<tr><td colspan="5"></td></tr>
</table>

1.3 工作计划

根据任务书制订工作方案，并做好实施过程记录。

1. 制订工作方案（见表 1-2）

表 1-2 工作方案

步骤	工作内容	时间进度	负责人
1			
2			
3			
4			
5			

2. 工作过程记录（见表 1-3）

表 1-3 工作过程

时间	完成进度	备注

1.4 工作实施

1. 设计理念的诠释

根据提供的全景效果图，做项目设计的风格定位和理念的内涵诠释。

引导问题 1：本项目的软装风格定位是什么？

____

____

____

____

引导问题 2：根据软装风格定位，进行详细的风格描述。

____

____

____

____

引导问题 3：阐述本项目的软装设计理念。

____

____

____

____

小提示

设计理念是设计师在空间作品构思过程中所确立的主导思想，它赋予作品文化内涵和风格特点。项目空间初步定位为中式风格，然而中式风格又有古典、现代、新中式等不同的中式风格的表现形式和特征，在进行本项目居住空间中式风格软装设计之前，必须充分参照和考虑项目空间效果图的硬装风骨。

中式风格设计理念诠释示例

记录设计讨论、设计构思、设计草图、设计文案等

2．设计方向的探索

通过对设计主题的整理，进而做项目设计的业主分析。

引导问题 4： 在确定了风格定位和设计方向的基础上，设计一个业主问卷调查，可以是关于家庭、职业及兴趣相关的资料，也可以是关于家具、装饰及色调相关的信息，通过业主的客观数据进行设计方向的探索，可对设计起到指导性作用。

引导问题 5：将问卷信息进行归纳整理，并绘制思维导图。

小提示

思维导图可以帮助设计师整体看待一个设计问题和清晰地展现设计创意思路。制作流程如下：先将主题的名称或描述写在空白纸张的中央，并将其圈起来；然后根据该主题进行头脑风暴，将想法绘制在从中心放射出的线条上；接着在每条主线上继续进行头脑风暴，发散思维，将想法绘制在分支上，以此类推；最后研究初步绘制的思维导图，从中找出各个方向之间的关系，并提出解决方案。

思维导图示例

3．设计概念的深化

结合以上设计概念，绘制设计草图，探讨方案的可行性。

引导问题 6：绘制设计草图，可以选择自己觉得最有创意和最想表现的空间去画，也可以从空间的局部入手去表现软装的风格特征，还可以从软装物品的特点去表达装饰要素或陈设设计。

小提示

随着方案的深入，设计创意便逐渐浮出水面，这个时候快速便捷的表达设计概念的途径便是手绘草图的方式。“图画是设计师的语言”，前期部分被称为草图，成果部分被称为效果图，画笔可以快速记录和描绘自己的创意灵感。

扫码看彩图

软装设计草图

4. 设计作品的呈现

根据项目提供的平面布置图和全景效果图，进行空间的软装效果图设计。

引导问题 7：空间色彩指的是________、________和________。

引导问题 8：空间布局设计的顺序是________________________________。

引导问题 9：空间装饰应用的选配有哪些？

____

____

____

____

____

____

____

____。

小提示

设计的呈现在于效果图的表现，而效果图则是通过媒介来表达作品所需要及预期达到的效果。效果图的表现分为三个步骤：首先是空间色彩配置，即空间背景色、主体色、配角色及点缀色的搭配；其次是空间布局设计，即空间家具、灯具、织物的布局；最后是空间装饰应用，即空间植物、饰品、装饰画等软装饰品的选配。

引导问题 10：装饰画在室内装饰中起很重要的作用，中式画品的画种是________，作画题材主要有________、________、________三种，分为________和________两种形式。

小提示

中国画作为我国琴棋书画四艺之一，历史悠久，其作画方式在于表现形式，重神似而不重形似，“气韵生动”是中国绘画的精神之所在，强调观察总结，重视意境不重视场景。作画手法在于用墨和颜料在特制的宣纸或绢上作画，称为水墨丹青，是以水为韵，以墨为骨，以色彩为辅。作画题材主要有人物、花鸟、山水三种，形式分为工笔和写意两种方式。

操作指导

（1）空间色彩配置

设计配色并根据家居色彩黄金比例 6∶3∶1 法则细化色彩搭配，完成配色方案。

①根据空间硬装调性，确定空间最大面积色彩的背景色。

②参考家居整体色调，确定室内视觉中心的主体色和起到衬托效果的配角色。

③根据背景色、主体色、配角色，确定起画龙点睛作用的点缀色。

扫码看彩图

（2）空间布局设计

根据硬装参考搭建基本场景，并分别配置家具、灯具、织物，完成空间布局。

①根据空间功能划分，进行家具配置。

②根据空间照明需求，进行灯具配置。

③根据空间风格特征，进行织物配置。

扫码看彩图

(3) 空间装饰应用

根据空间布局和配色方案，进行饰品、画品、花品软装要素的配置。

①花品选择与陈设。

②饰品选择与陈设。

③画品选择与陈设。

扫码看彩图

引导问题 11：根据作品呈现中所运用到的设计元素，撰写项目清单（见表 1-4）。

表 1-4　项目清单

项目清单	类别明细	价格	备注
家具			
灯具			
织物			
花品			
饰品			
画品			

软装设计效果图

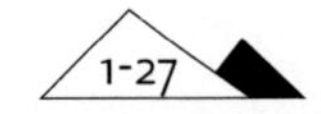

5．设计方案的展示

整理前期的设计资料，制作演示文稿 PPT，进行展示汇报和分享。

引导问题 12：设计的基本原则是__________，既要满足__________的需求又要符合__________的审美要求。

引导问题 13：设计说明包含哪几个部分？按照设计理念和设计过程，撰写设计说明。

____

____

____

____

____

____

____

____

____

____

____

____

____

小提示

设计的基本原则是以人为本，既要满足空间功能的需求又要符合居住者的审美要求。然而无论是有创意的设计思维，还是有内涵的设计表现，最终都是要通过设计汇报与业主进行沟通，进而完成设计实现。

设计说明一般包括：①设计风格理念；②户型分析考虑；③空间布局说明；④设计形式具化；⑤设计特色亮点。围绕这五点展开设计说明的撰写和汇报，演示文稿应沟通性强且有设计感，以便设计方案的展示。

中式风格软装设计方案示例

引导问题 14：设计汇报的过程中，记录本组的优点和不足，也请写下其他小组做得好的地方，以便参考学习（见表 1-5）。

表 1-5　项目汇报

内容	优点	不足
演示文稿 PPT		
展示汇报		
其他		

1.5 评价反馈

各组代表展示作品，介绍任务的完成过程。作品展示前应准备阐述材料，并完成评价表。

1. 自我评价

针对中式风格软装设计的学习，对于中式风格的认知及相关理论知识的掌握程度做出知识方面的自我评价；对于中式风格的配色方法和效果图制作技巧的掌握程度做出技能方面的自我评价；认真思考自己的不足，总结方法和经验。完成表 1-6 的填写。

表 1-6 学生自评表

评价标准 / 评价内容	A 90% ～ 100%	B 80% ～ 90%	C 70% ～ 80%	D 60% ～ 70%	E 60% ～ 0%
理论知识					
实践技能					
不足					

2．展示评价

将个人制作好的效果图先在组内进行展示和讲述，再由小组推荐代表作品做全班的介绍和分享活动。在展示过程中，以组为单位进行评价，评价完成后，由组长记录小组互评统计结果。个人将小组成员对自己作品的评价意见进行整理归纳，完成表 1–7 的填写。

表 1–7　学生互评表

评价标准 评价内容	A（很好）	B（一般）	C（较差）
展示的效果图风格定位是否准确			
展示的效果图空间布局是否合理			
展示的效果图设计效果是否优秀			
介绍成果表达是否清晰			
作品创新精神如何			

3．教师评价

将表 1–6 的分数填在“个人评分”栏中，将表 1–7 的分数填在“团队评分”栏中，完成表 1–8 的填写。

表 1–8　教师评价表

个人评分	团队评分	教师评分
教师意见或建议		

1.6 总结提升

针对小组互评和教师评价，总结此次项目拓展的成果和不足。

设计笔记

设计笔记

设计笔记

学习情境 2　项目活动

2.1　项目准备

引导问题 1：巴洛克、洛可可、新古典的风格特点分别是什么？请做关键词描述及典型装饰图样表现。

引导问题 2：巴洛克、洛可可、新古典风格的装饰用色分别是什么？请做关键词描述，并根据欧式风格的色彩体系做色彩搭配练习。

电子作品可打印粘贴到此处

小提示

色彩搭配练习步骤：①准备能够体现欧式色彩的素材 1 张做色彩分析的取色操作练习；②将提炼出来的色彩进行色彩应用，做配色练习，完成涂色作品 2 幅。注：要尽可能多的用到①中所提炼出来的色系。

欧式风格色彩搭配示例

引导问题 3：巴洛克、洛可可、新古典风格的家具特点是什么？请做关键词描述；并根据全景效果图制作家具材料样板，填写家具物料说明书。

____

____

____

家具物料说明书			
描述		来源 / 制作商	
家具名称		公司	
数量		联系人	
应用位置		电话 / 邮箱	
家具图片			
说明			尺寸 /mm
			宽度
			深度
			高度

引导问题 4：欧式古典风格和新古典风格的灯具特征有何不同？欧式灯具的材质有哪几种？根据全景效果图制作灯具材料样板，并填写灯具物料说明书。

<table>
<tr><td colspan="4">灯具物料说明书</td></tr>
<tr><td colspan="2">描述</td><td colspan="2">来源 / 制作商</td></tr>
<tr><td>灯具名称</td><td></td><td>公司</td><td></td></tr>
<tr><td>数量</td><td></td><td>联系人</td><td></td></tr>
<tr><td>应用位置</td><td></td><td>电话 / 邮箱</td><td></td></tr>
<tr><td colspan="4">灯具样板</td></tr>
<tr><td colspan="4"></td></tr>
<tr><td colspan="4">说明</td></tr>
<tr><td colspan="4"></td></tr>
</table>

引导问题 5：欧式花纹中大马士革纹、佩斯利纹、卷草纹、法式朱伊纹的特点分别是什么？请做关键词描述；并根据全景效果图制作布艺材料样板，填写布艺物料说明书。

____

____

____

布艺物料说明书			
描述		来源 / 制作商	
布艺名称		公司	
数量		联系人	
应用位置		电话 / 邮箱	
布艺样板			
说明			

引导问题 6：关于欧式风格软装要素中饰品、画品、花品的特点分别是什么？请做关键词描述，并根据平面布置图按照室内空间的功能划分（客厅/卧室/餐厅）做欧式风格的装饰要素软装搭配（饰品、画品、花品）。

欧式风格软装要素

____

____

____

电子作品可打印粘贴到此处

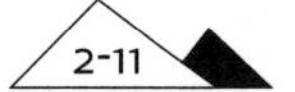

2.2 任务分组

填写表 2-1。

表 2-1 学生任务分配表

<table>
<tr><td>班级</td><td></td><td>组号</td><td></td><td>指导教师</td><td></td></tr>
<tr><td>组长</td><td></td><td>学号</td><td colspan="3"></td></tr>
<tr><td rowspan="7">组员</td><td colspan="2">姓名</td><td colspan="3">学号</td></tr>
<tr><td colspan="2"></td><td colspan="3"></td></tr>
<tr><td colspan="2"></td><td colspan="3"></td></tr>
<tr><td colspan="2"></td><td colspan="3"></td></tr>
<tr><td colspan="2"></td><td colspan="3"></td></tr>
<tr><td colspan="2"></td><td colspan="3"></td></tr>
<tr><td colspan="2"></td><td colspan="3"></td></tr>
<tr><td rowspan="6">任务分工</td><td colspan="5"></td></tr>
<tr><td colspan="5"></td></tr>
<tr><td colspan="5"></td></tr>
<tr><td colspan="5"></td></tr>
<tr><td colspan="5"></td></tr>
<tr><td colspan="5"></td></tr>
<tr><td rowspan="5">备注</td><td colspan="5"></td></tr>
<tr><td colspan="5"></td></tr>
<tr><td colspan="5"></td></tr>
<tr><td colspan="5"></td></tr>
<tr><td colspan="5"></td></tr>
</table>

2.3　工作计划

根据任务书制订工作计划方案，并做好实施过程记录。

1．制订工作方案（见表 2–2）

表 2–2　工作方案

步骤	工作内容	时间进度	负责人
1			
2			
3			
4			
5			
6			
7			

2．工作过程记录（见表 2–3）

表 2–3　工作过程

时间	完成进度	备注

2.4 工作实施

1. 设计理念的诠释

根据提供的全景效果图，做项目设计的风格定位和理念的内涵诠释。

引导问题 1：本项目的软装风格定位是什么？

引导问题 2：根据软装风格定位，进行详细的风格描述。

引导问题 3：阐述本项目的软装设计理念。

小提示

设计理念是设计师在空间作品构思过程中所确立的主导思想，它赋予作品文化内涵和风格特点。项目空间初步定位为欧式风格，然而欧式风格又有古典、新古典、简欧等不同的欧式风格的表现形式和特征，在进行本项目居住空间欧式风格软装设计之前，必须充分参照和考虑项目空间效果图的硬装风骨。

欧式风格设计理念诠释示例

记录设计讨论、设计构思、设计草图、设计文案等

2. 设计方向的探索

通过对设计主题的整理，进而做项目设计的业主分析。

引导问题 4：在确定了风格定位和设计方向的基础上，设计一个业主问卷调查，可以是关于家庭、职业及兴趣相关的资料，也可以是关于家具、装饰及色调相关的信息，通过业主的客观数据进行设计方向的探索，可对设计起到指导性作用。

引导问题 5：将问卷信息进行归纳整理，并绘制思维导图。

小提示

思维导图可以帮助设计师整体看待一个设计问题和清晰地展现设计创意思路。制作流程如下：先将主题的名称或描述写在空白纸张的中央，并将其圈起来；然后将该主题进行头脑风暴，将想法绘制在从中心放射出的线条上；接着在每条主线上继续进行头脑风暴，发散思维，将想法绘制在分支上，以此类推；最后研究初步绘制的思维导图，从中找出各个方向之间的关系，并提出解决方案。

3．设计概念的深化

结合以上设计概念，绘制设计草图，探讨方案的可行性。

引导问题 6：软装的八个类别有____________、____________、____________、____________、____________、____________、____________、____________。

引导问题 7：在室内软装的配置中占比最大的部分是____________。

小提示

软装的范畴包括八个类别，分别是家具、布艺、灯饰、饰品、画品、花品、日用品、收藏品。其中，家具因为体积的关系在室内空间中的占比非常大，因而家具的材质、造型还有色调都是软装设计中首要且重要的一环。

引导问题 8：绘制设计草图，可以选择自己觉得最有创意和最想表现的空间去画，也可以从空间的局部入手去表现软装的风格特征，还可以从软装物品的特点，去表达装饰要素或陈设设计。

扫码看彩图

软装设计草图

4. 设计作品的呈现

根据项目提供的平面布置图和全景效果图，进行空间的软装效果图设计。

引导问题 9：家居色彩黄金比例为__________。

小提示

软装设计配色需参考家居色彩黄金比例 6∶3∶1 法则，细化色彩搭配，完成配色方案。

引导问题 10：装饰画在室内装饰中起很重要的作用，欧式画品的画种是________，纯欧式风格适合西方古典油画，欧式别墅等高档住宅可以选择__________，简欧风格可以选择__________，欧式田园风格则可配油画。

小提示

装饰画在室内装饰中起很重要的作用，装饰画没有好坏之分，只有合适与不合适的区别。软装设计师要具备如下装饰画知识：①画品的装裱方式。油画的装裱主要有无框和有框两种方式。两种方式的装裱要根据画的内容和技法确定，一般简约风格的画以采用无框形式为主，而古典风格的画作一般采用有框形式。②画品的风格选配。纯欧式风格适合西方古典油画，欧式别墅等高档住宅可以考虑选择一些肖像油画，简欧风格可选择一些印象派油画，欧式田园风格则可配花卉题材的油画。③古典油画风格大致可分为两类：一类以文艺复兴时期和新古典主义时期的绘画为代表，给人稳重端庄之感；另一类则以巴洛克时期和洛可可时期的绘画为代表，表现活力，色彩绚烂。

操作指导

（1）空间色彩配置

设计配色并根据家居色彩黄金比例 6∶3∶1 法则细化色彩搭配，完成配色方案。

①根据空间硬装调性，确定空间最大面积色彩的背景色。

②参考家居整体色调，确定室内视觉中心的主体色和起到衬托效果的配角色。

③根据背景色、主体色、配角色，确定起画龙点睛作用的点缀色。

扫码看彩图

（2）空间布局设计

根据硬装参考搭建基本场景，并分别配置家具、灯具、织物，完成空间布局。

①根据空间功能划分，进行家具配置。

②根据空间照明需求，进行灯具配置。

③根据空间风格特征，进行织物配置。

扫码看彩图

（3）空间装饰应用

根据空间布局和配色方案，进行饰品、画品、花品软装要素的配置。

①花品选择与陈设。

②饰品选择与陈设。

③画品选择与陈设。

扫码看彩图

引导问题 11：根据作品呈现中所运用到的设计元素，撰写项目清单（见表 2-4）。

表 2-4　项目清单

项目清单	类别明细	价格	备注
家具			
灯具			
织物			
花品			
饰品			
画品			

软装设计效果图

5. 设计方案的展示

整理前期的设计资料，制作演示文稿 PPT，进行展示汇报和分享。

引导问题 12：设计的基本原则是___________，既要满足___________的需求又要符合___________的审美要求。

引导问题 13：设计说明包含哪几个部分？按照设计理念和设计过程，撰写设计说明。

____

____

____

____

____

____

____

____

____

____

____

____

____

____

小提示

设计的基本原则是以人为本，既要满足空间功能的需求又要符合居住者的审美要求。然而无论是有创意的设计思维，还是有内涵的设计表现，最终都是要通过设计汇报跟业主做展示和沟通，进而完成设计实现。

设计说明一般包括：①设计风格理念；②户型分析考虑；③空间布局说明；④设计形式具化；⑤设计特色亮点。围绕这 5 点展开设计说明的撰写和汇报，演示文稿尽量做的沟通性强且有设计感，完成设计方案的展示。

欧式风格软装设计方案示例

引导问题 14：根据作品呈现中所运用到的设计元素，撰写表 2-5 项目清单。

表 2-5　项目汇报

内容	优点	不足
演示文稿 PPT		
展示汇报		
其他		

2.5 评价反馈

各组代表展示作品，介绍任务的完成过程。作品展示前应准备阐述材料，并完成评价表。

1. 自我评价

针对欧式风格软装设计的学习，对于欧式风格的认知及相关理论知识的掌握程度做出知识方面的自我评价；对于欧式风格的配色方法和效果图制作技巧的掌握程度做出技能方面的自我评价；认真思考自己的不足，总结方法和经验。完成表 2-6 的填写。

表 2-6 学生自评表

评价标准 评价内容	A 90% ～ 100%	B 80% ～ 90%	C 70% ～ 80%	D 60% ～ 70%	E 60% ～ 0%
理论知识					
实践技能					
不足					

2. 展示评价

将个人制作好的效果图先在组内进行展示和讲述，再由小组推荐代表作品做全班的介绍和分享活动。在展示过程中，以组为单位进行评价，评价完成后，由组长记录小组互评统计结果。个人将小组成员对自己作品的评价意见进行整理归纳，完成表 2–7 的填写。

表 2–7　学生互评表

评价内容	A（很好）	B（一般）	C（较差）
展示的效果图风格定位是否准确			
展示的效果图空间布局是否合理			
展示的效果图设计效果是否优秀			
介绍成果表达是否清晰			
作品创新精神如何			

3．教师评价

将表 2–6 的分数填在“个人评分”栏中，将表 2–7 的分数填在“团队评分”栏中，完成表 2–8 的填写。

表 2–8　教师评价表

个人评分	团队评分	教师评分
教师意见或建议		

2.6　总结提升

针对小组互评和教师评价，总结此次项目拓展的成果和不足。

设计笔记

设计笔记

设计笔记

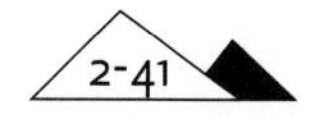

学习情境 3　项目活动

3.1　项目准备

引导问题 1：现代简约风格、后现代风格的室内硬装特点和软装元素分别是什么？请做关键词描述及典型装饰图样表现。

引导问题 2：现代简约风格、后现代风格的配色要点分别是什么？请做关键词描述，并根据现代风格的色彩体系做色彩搭配练习。

电子作品可打印粘贴到此处

小提示

色彩搭配练习步骤：①准备能够体现现代风格色彩的素材 1 张做色彩分析的取色操作练习；②将提炼出来的色彩进行色彩应用，做配色练习，完成涂色作品 2 幅。注：要尽可能多地用到①中所提炼出来的色系。

现代风格色彩搭配示例

引导问题 3：现代风格、后现代风格的家具特点分别是什么？请做关键词描述；并根据全景效果图做家具材料样板，填写家具物料说明书。

____

____

____

家具物料说明书			
描述		来源 / 制作商	
家具名称		公司	
数量		联系人	
应用位置		电话 / 邮箱	
家具图片			
说明			尺寸 /mm
			宽度
			深度
			高度

引导问题 4：现代风格的灯具有什么特征？根据全景效果图做灯具材料样板，填写灯具物料说明书。

____

____

____

灯具物料说明书			
描述		来源 / 制作商	
灯具名称		公司	
数量		联系人	
应用位置		电话 / 邮箱	
灯具样板			
说明			

引导问题 5：关于现代风格纹样中图案的特色和运用，请做关键词描述；并根据全景效果图制作布艺材料样板，填写布艺物料说明书。

____

____

____

<table>
<tr><td colspan="4">布艺物料说明书</td></tr>
<tr><td colspan="2">描述</td><td colspan="2">来源 / 制作商</td></tr>
<tr><td>布艺名称</td><td></td><td>公司</td><td></td></tr>
<tr><td>数量</td><td></td><td>联系人</td><td></td></tr>
<tr><td>应用位置</td><td></td><td>电话 / 邮箱</td><td></td></tr>
<tr><td colspan="4">布艺样板</td></tr>
<tr><td colspan="4"></td></tr>
<tr><td colspan="4">说明</td></tr>
<tr><td colspan="4"></td></tr>
</table>

引导问题 6：关于现代风格软装要素中饰品、画品、花品的特点分别是什么？请做关键词描述，并根据平面布置图按照室内空间的功能划分（客厅/卧室/餐厅）做现代风格的装饰要素软装搭配（饰品、画品、花品）。

现代风格软装要素

电子作品可打印粘贴到此处

3.2 任务分组

填写表 3-1。

表 3-1 学生任务分配表

<table>
<tr><td>班级</td><td></td><td>组号</td><td></td><td>指导教师</td><td></td></tr>
<tr><td>组长</td><td></td><td>学号</td><td colspan="3"></td></tr>
<tr><td rowspan="7">组员</td><td colspan="2">姓名</td><td colspan="3">学号</td></tr>
<tr><td colspan="2"></td><td colspan="3"></td></tr>
<tr><td colspan="2"></td><td colspan="3"></td></tr>
<tr><td colspan="2"></td><td colspan="3"></td></tr>
<tr><td colspan="2"></td><td colspan="3"></td></tr>
<tr><td colspan="2"></td><td colspan="3"></td></tr>
<tr><td colspan="2"></td><td colspan="3"></td></tr>
<tr><td rowspan="6">任务分工</td><td colspan="5"></td></tr>
<tr><td colspan="5"></td></tr>
<tr><td colspan="5"></td></tr>
<tr><td colspan="5"></td></tr>
<tr><td colspan="5"></td></tr>
<tr><td colspan="5"></td></tr>
<tr><td rowspan="5">备注</td><td colspan="5"></td></tr>
<tr><td colspan="5"></td></tr>
<tr><td colspan="5"></td></tr>
<tr><td colspan="5"></td></tr>
<tr><td colspan="5"></td></tr>
</table>

3.3 工作计划

根据任务书制订工作计划方案，并做好实施过程记录。

1．制订工作方案（见表 3–2）

表 3–2 工作方案

步骤	工作内容	时间进度	负责人
1			
2			
3			
4			
5			
6			
7			

2．工作过程记录（见表 3–3）

表 3–3 工作过程

时间	完成进度	备注

3.4 工作实施

1. 设计理念的诠释

根据提供的全景效果图，进行项目设计的风格定位和理念的内涵诠释。

引导问题 1：本项目的软装风格定位是什么？

____

____

____

____

引导问题 2：根据软装风格定位，进行详细的风格描述。

____

____

____

____

引导问题 3：阐述本项目的软装设计理念。

____

____

____

____

小提示

设计理念是设计师在空间作品构思过程中所确立的主导思想，它赋予作品文化内涵和风格特点。项目空间初步定位为现代风格，然而现代风格又有简约、极简、后现代等不同的现代风格的表现形式和特征，在进行本项目居住空间现代风格软装设计之前，必须充分参照和考虑项目空间效果图的硬装风骨。

现代风格设计理念诠释

记录设计讨论、设计构思、设计草图、设计文案等

2. 设计方向的探索

通过对设计主题的整理，进而做项目设计的业主分析。

引导问题 4：在确定了风格定位和设计方向的基础上，设计一个业主问卷调查，可以是关于家庭、职业及兴趣相关的资料，也可以是关于家具、装饰及色调相关的信息，通过业主的客观数据进行设计方向的探索，可对设计起到指导性作用。

引导问题 5：将问卷信息进行归纳整理，并绘制思维导图。

小提示

思维导图可以帮助设计师整体看待一个设计问题和清晰地展现设计创意思路。制作流程如下：先将主题的名称或描述写在空白纸张的中央，并将其圈起来；然后将该主题进行头脑风暴，将想法绘制在从中心放射出的线条上；接着在每条主线上继续进行头脑风暴，发散思维，将想法绘制在分支上，以此类推；最后研究初步绘制的思维导图，从中找出各个方向之间的关系，并提出解决方案。

3．设计概念的深化

结合以上设计概念，绘制设计草图，探讨方案的可行性。

引导问题 6：______________是软装设计中首要且重要的一环。

小提示

软装的范畴包括八个类别，分别是家具、布艺、灯饰、饰品、画品、花品、日用品、收藏品。其中，家具因为体积的关系在室内空间中的占比非常大，因而家具的材质、造型还有色调都是软装设计中首要且重要的一环。

扫码看彩图

软装设计草图

4．设计作品的呈现

根据项目提供的平面布置图和全景效果图，进行空间的软装效果图设计。

引导问题7：配色方案从空间中最大面积的色彩__________入手，找出室内视觉中心的__________和起到衬托效果的__________，最后确定起画龙点睛作用的__________。

小提示

软装设计配色需参考家居色彩黄金比例6∶3∶1法则，细化色彩搭配，完成配色方案。首先根据空间硬装调性，确定空间最大面积色彩的背景色；然后参考家居整体色调，确定室内视觉中心的主体色和起到衬托效果的配角色；最后根据背景色、主体色、配角色，确定起画龙点睛作用的点缀色。

引导问题8：装饰画在室内装饰中起很重要的作用，现代风格的装饰画分为三类，分别是__________装饰画、__________装饰画、__________装饰画。

小提示

现代装饰画按照艺术门类大致可以分为以下三类：印刷品装饰画，这类画作使用面非常广，成本低廉，可以表现任何题材的绘画、摄影或其他门类的视觉艺术作品，多被用于公共环境中，画作的价值不高；实物装饰画，是用综合材料通过手工制作而成的装饰画，金属、玉器、瓷器、玻璃、布料及干枯树枝等都可以作为主角进行装裱，成品画富有很强的立体感和较好的装饰性；手绘装饰画，是艺术家的原创绘画作品，常用变形、夸张、抽象等手法，使得作品具有浓郁的装饰风格。

操作指导

（1）空间色彩配置

设计配色并根据家居色彩黄金比例 6：3：1 法则细化色彩搭配，完成配色方案。

①根据空间硬装调性，确定空间最大面积色彩的背景色。

②参考家居整体色调，确定室内视觉中心的主体色和起到衬托效果的配角色。

③根据背景色、主体色、配角色，确定起画龙点睛作用的点缀色。

（2）空间布局设计

根据硬装参考搭建基本场景，并分别配置家具、灯具、织物，完成空间布局。

扫码看彩图

①根据空间功能划分，进行家具配置。

②根据空间照明需求，进行灯具配置。

③根据空间风格特征，进行织物配置。

（3）空间装饰应用

扫码看彩图

根据空间布局和配色方案，进行饰品、画品、花品软装要素的配置。

①花品选择与陈设。

②饰品选择与陈设。

③画品选择与陈设。

引导问题 9：根据作品呈现中所运用到的设计元素，撰写项目清单（见表 3-4）。

表 3-4　项目清单

项目清单	类别明细	价格	备注
家具			
灯具			
织物			
花品			
饰品			
画品			

软装设计效果图

5. 设计方案的展示

整理前期的设计资料，制作演示文稿 PPT，进行展示汇报和分享。

引导问题 10：设计的基本原则是____________，既要满足____________的需求又要符合____________的审美要求。

引导问题 11：设计说明包含哪几个部分？按照设计理念和设计过程，撰写设计说明。

____

____

____

____

____

____

____

____

____

____

____

____

____

____

小提示

设计的基本原则是以人为本，既要满足空间功能的需求又要符合居住者的审美要求。然而无论是有创意的设计思维，还是有内涵的设计表现，最终都是要通过设计汇报与业主进行沟通，进而完成设计实现。

设计说明一般包括：①设计风格理念；②户型分析考虑；③空间布局说明；④设计形式具化；⑤设计特色亮点。围绕这五点展开设计说明的撰写和汇报，演示文稿应沟通性强且有设计感，以便设计方案的展示。

现代风格软装设计方案示例

引导问题 12：在设计汇报的过程中，记录本组的优点和不足，同时写下其他小组做得好的地方，以便参考学习（见表 3-5）。

表 3-5　项目汇报

内容	优点	不足
演示文稿 PPT		
展示汇报		
其他		

3.5 评价反馈

各组代表展示作品，介绍任务的完成过程。作品展示前应准备阐述材料，并完成评价表。

1. 自我评价

针对现代风格软装设计的学习，对于现代风格的认知及相关理论知识的掌握程度作出知识方面的自我评价；对于现代风格的配色方法和效果图制作技巧的掌握程度作出技能方面的自我评价；认真思考自己的不足，总结方法和经验。完成表 3–6 的填写。

表 3–6 学生自评表

评价标准 评价内容	A 90% ～ 100%	B 80% ～ 90%	C 70% ～ 80%	D 60% ～ 70%	E 60% ～ 0%
理论知识					
实践技能					
不足					

2. 展示评价

将个人制作好的效果图先在组内进行展示和讲述，再由小组推荐代表作品做全班的介绍和分享活动。在展示过程中，以组为单位进行评价，评价完成后，由组长记录小组互评统计结果。个人将小组成员对自己作品的评价意见进行整理归纳，完成表 3–7 的填写。

表 3–7　学生互评表

评价内容	A（很好）	B（一般）	C（较差）
展示的效果图风格定位是否准确			
展示的效果图空间布局是否合理			
展示的效果图设计效果是否优秀			
介绍成果表达是否清晰			
作品创新精神如何			

3. 教师评价

将表 3-6 的分数填在“个人评分”栏中，将表 3-7 的分数填在“团队评分”栏中，完成表 3-8 的填写。

表 3-8　教师评价表

个人评分	团队评分	教师评分
教师意见或建议		

3.6 总结提升

针对小组互评和教师评价，总结此次项目拓展的成果和不足。

设计笔记

设计笔记

设计笔记